미분 기하학 개론
(Differential Geometry)

이현덕 지음

教友社

머 리 말

이 책은 대학과정의 좁은 의미에서의 미분기하학 입문서로 여러 가지 미분기하학 교재 , 강의록 및 참고문헌을 기본으로 하여 3차원 Euclid 공간 안의 곡선론과 곡면론에 대한 기초적인 내용을 이해하는 데 중점을 두었다.

이 책의 구성은 먼저 1장에서는 미분 기하학에서 주로 다루는 도구로써 선형 대수학과 vector 미적분학의 기초적인 이론을 소개하였으며, 2장에서는 국소 공간 곡선론과 대역적 곡선론의 기본적인 이론인 공간 곡선의 곡률과 꼬임율, 평면곡선의 회전수 정리, 볼록 곡선, 4정점 정리, 등주 부등식 등을 주로 전개하였으며, 3장에서는 국소 곡면론에서의 정칙곡면의 제 1 형식, 그리고 제 2 형식과 법곡률 , 주곡률 , 곡률선 등을 주로 다루었으며, 4장에서는 Gauss 곡률, 평균 곡률, 측지선 등의 개념과 성질들을 조사하였고, 5장에서는 Gauss의 유명한 정리, 국소 곡면론의 기본정리, 상수 Gauss곡률을 가지는 곡면들의 성질 등을 소개하였으며, 마지막으로 6장에서는 주로 3가지 형태의 Gauss-Bonnet 정리를 도입하여 미분기하학의 기초적 이론의 핵심 중의 하나를 소개하였다.

이 책의 주요 내용은 3차원 Euclid 공간 안의 곡선은 , Euclid 운동에 따라, 그것의 곡률과 꼬임율에 의해서 완전히 결정되며, 에워싼 3차원 Euclid 공간안의 곡면의 모양을 표현하는 제 2 기본형식을 조사하여 근본적인 목적인 곡면의 곡률을 이해하고, 여러 가지 흥미로운 결과중 Gauss 곡률이 곡면의 내재적인 성질이라는 점을 강조하며, 더욱이 Gauss-Bonnet 정리로부터 곡면위에서의 적분곡률은 위상적으로 불변이라는 것 등이다.

여러가지 사정으로 미흡한 점이 많으므로 부족한 부분은 소개한 참고문헌중 [1], [2], [5], [6], [8] 등을 주로 참조하기 바라며, 앞으로 부단히 수정 보완하여 충실한 책이 될 수 있도록 하고자 한다. 끝으로, 이 책의 출판에 적극적인 협조와 도움을 주신 교우사 사장님과 편집부 여러분께 깊이 감사드린다.

2010년 2월

저자

차 례

제1장 예비 지식 (Preliminaries)

미분기하학에서는 선형대수학(Linear Algebra)과 Vector 미적분학(Vector Calculus)을 도구로 사용하여 이론을 전개하므로 그들의 기본적인 사실들을 복습하고자 한다[3 , 8].

정의 1.1

실 vector **공간**은 $(V,+,\cdot)$이며, $V \neq \varnothing$, $\mathbf{v} \in V$는 vector라고 부르고, 2개의 이항 연산

$$+ : V \times V \to V , \quad \cdot : \mathbf{R} \times V \to V$$

를 각각 덧셈(addition)과 scalar곱(scalar multiplication)이라고 부르고, $\forall \mathbf{u},\mathbf{v},\mathbf{w} \in V$와 $\forall a,b \in \mathbf{R}$에 대하여 2개의 이항 연산이 다음 8가지 공리를 만족한다 :

(1) $\mathbf{u}+\mathbf{v}=\mathbf{v}+\mathbf{u}$

(2) $\mathbf{u}+(\mathbf{v}+\mathbf{w})=(\mathbf{u}+\mathbf{v})+\mathbf{w}$

(3) $\exists 0 \in V : 0+\mathbf{u}=\mathbf{u}$

(4) $(ab)\cdot\mathbf{u}=a\cdot(b\cdot\mathbf{u})$

(5) $(a+b)\cdot\mathbf{u}=a\cdot\mathbf{u}+b\cdot\mathbf{u}$

(6) $a\cdot(\mathbf{u}+\mathbf{v})=a\cdot\mathbf{u}+a\cdot\mathbf{v}$

(7) $0\cdot\mathbf{u}=\mathbf{0}$

(8) $1\cdot\mathbf{u}=\mathbf{u}$

예제 1.2

(1) $(\mathbf{R}^3,+,\cdot)$는 실 vector공간이다.

(2) $(C([a,b]),+,\cdot)$는 실 vector공간이다, 여기서 $C([a,b])=\{f : f : [a,b]\to\mathbf{R} ;$ 연속함수 $\}$

정의 1.3

(1) 집합 $\{\mathbf{v}_i\}_{i\in I}\subset V$ 이 **일차 독립** $\Leftrightarrow$

(유한 일차 결합 $\sum_{i=1}^{n}a_i\mathbf{v}_i=\mathbf{0} \Rightarrow a_1=a_2=\cdots=a_n=0$)

$\exists a_k\neq 0 : \sum_{i=1}^{n}a_i\mathbf{v}_i=\mathbf{0}$이면 집합 $\{\mathbf{v}_i\}_{i\in I}\subset V$이

일차 종속이라고 한다.

(2) $S\subset V$가 V를 **생성(span)**한다 $\Leftrightarrow$

$$\forall \mathbf{v} \in V, \exists \mathbf{v}_1, \mathbf{v}_2, \ldots, \mathbf{v}_m \in S, \quad \exists a_1, a_2, \ldots, a_m \in \mathbf{R}: \mathbf{v} = \sum_{i=1}^{m} a_i \mathbf{v}_i.$$

(3) vector공간 V의 기저(bais)는 V를 생성하는 일차 독립 집합 (linearly independent spanning set)이다.

정리 1.4

V가 vector 공간이면 **기저**를 갖고, 임의의 두 기저는 같은 수의 원소를 갖는데 이수를 V의 **차원**(dimension)이라고 부른다.

예제 1.5

(1) $\mathbf{R}^3$의 차원=$\dim \mathbf{R}^3$=3.

(2) C([a,b])의 차원=$\dim C([a,b]) = \infty$이고, $\{1, x, x^2, \ldots, x^n, \ldots\}$이 기저이다.

▶ **참고 1.6** $\{\mathrm{v_i}\}_{i \in I}$가 V의 기저이면, 임의의 $\mathrm{v} \in V$는 유한합 $\mathrm{v} = \sum a_i \mathrm{v_i}$으로 유일하게 표현되며, 이때 a_i를 주어진 기저에 관하여 v의 **성분**(components)이라고 부른다.

정의 1.7

vector 공간 V에서 **내적**(inner product)은 함수 $\cdot : V \times V \to \mathbf{R}$로서 다음과 같은 조건을 만족한다 :

$$\forall \mathbf{u}, \mathbf{v}, \mathbf{w} \in V, \quad \forall a, b \in \mathbf{R},$$

(1) $\mathbf{u} \cdot \mathbf{u} \geq 0$, 등호가 성립 $\Leftrightarrow$ $\mathbf{u} = 0$,

(2) $\mathbf{u} \cdot \mathbf{v} = \mathbf{v} \cdot \mathbf{u}$,

(3) $(a\mathbf{u} + b\mathbf{v}) \cdot \mathbf{w} = a(\mathbf{u} \cdot \mathbf{w}) + b(\mathbf{v} \cdot \mathbf{w})$.

예제 1.8

(1) $\forall \mathbf{a} = (a_1, a_2, a_3),\ \mathbf{b} = (b_1, b_2, b_3) \in \mathbf{R}^3$, $\mathbf{a} \cdot \mathbf{b} = \sum_{i=1}^{3} a_i b_i$.

(2) $\forall f, g \in C([a,b])$, $f \cdot g = \int_a^b f(x)g(x)dx$.

정의 1.9

V가 내적 $\cdot$를 가질 때, $\forall \mathbf{v} \in V$에 대하여, $\mathbf{v}$의 **길이**(norm)

$$\| \mathbf{v} \| = \sqrt{\mathbf{v} \cdot \mathbf{v}}$$

로 정의한다.

정리 1.10

[Cauchy-Schwarz 부등식]

$\forall \mathbf{u},\mathbf{v}\in V$, $|\mathbf{u}\cdot\mathbf{v}| \le \|\mathbf{u}\|\,\|\mathbf{v}\|$, 등호가 성립 $\Leftrightarrow$ $\mathbf{u}=\lambda\mathbf{v}, \lambda\in R$.

증명

$0\le (\mathbf{u}-\lambda\mathbf{v})^2=(\mathbf{u}\cdot\mathbf{u})-2\lambda(\mathbf{u}\cdot\mathbf{v})+\lambda^2(\mathbf{v}\cdot\mathbf{v})$이므로 ,

$$\frac{D}{4}=(\mathbf{u}\cdot\mathbf{v})^2-(\mathbf{u}\cdot\mathbf{u})(\mathbf{v}\cdot\mathbf{v})\le 0 \ .$$

그러므로 , $|\mathbf{u}\cdot\mathbf{v}|^2 \le \|\mathbf{u}\|^2\|\mathbf{v}\|^2$. ▨

▶ **참고 1.11** $\theta=\measuredangle(\mathbf{u},\mathbf{v})$이면 , $\theta=\cos^{-1}\dfrac{\mathbf{u}\cdot\mathbf{v}}{\|\mathbf{u}\|\,\|\mathbf{v}\|}$.

정의 1.12

u가 v와 **수직**(orthogonal or perpendicular) ,

$\mathbf{u}\perp\mathbf{v}$, $\Leftrightarrow$ $\mathbf{u}\cdot\mathbf{v}=0$.

예제 1.13 (1) R^3에서 , $e_1=(1,0,0)$과 $e_2=(0,1,0)$는 수직.

(2) $C([0,1])$에서 , $f(x)=1$, $g(x)=-2x+1$은 수직.

정리 1.14

dimV=n , V가 내적 · 를 가지면, ∃ V의 **정규 직교기저**(orthonormal basis) $\{v_1, v_2, \ldots, v_n\}$: $\| v_i \| = 1$, $v_i \cdot v_j = \delta_{ij}$, $\delta_{ij} = \begin{cases} 1, (i = j) \\ 0, (i \neq j) \end{cases}$.

증명

Gram–Schmidt 직교화 과정(orthogonalization process)을 이용하면, 임의의 기저로부터 정규 직교기저를 만들 수 있다. ▨

▶ **참고 1. 15**

(1) V가 기저 $\{u_1, u_2, \ldots, u_n\}$를 갖고 내적 · 를 가지며, $g_{ij} = u_i \cdot u_j$라고 하면, (g_{ij})는 주어진 기저에 관하여 내적 · 를 표현하는 양의 정부호를 갖는(positive definite) 대칭 행렬(symmetric matrix)이고,

$$u = \sum a_i u_i \text{ , } v = \sum b_j u_j$$

이면,

$$u \cdot v = \sum a_i b_j g_{ij} .$$

(2) $\{u_1, u_2, \ldots, u_n\}$이 V의 정규 직교기저 이면, $(g_{ij}) = (\delta_{ij})$는 단위 행렬(identity matrix)이다.

(3) $\{\mathbf{u}_1,\mathbf{u}_2,\ldots,\mathbf{u}_n\}$가 V의 기저 이고 $\{\mathbf{v}_1,\mathbf{v}_2,\ldots,\mathbf{v}_n\}$이 V의 또 다른 기저 이면, $\mathbf{u}_i=\sum a_{ki}\mathbf{v}_k$이고, 기저 $\{\mathbf{v}_1,\mathbf{v}_2,\ldots,\mathbf{v}_n\}$에 관한 내적 · 를 표현하는 행렬은 $\widetilde{g_{kl}}=\mathbf{v}_k\cdot\mathbf{v}_l$로 주어진다. 그리고,

$$g_{ij}=\mathbf{u}_i\cdot\mathbf{u}_j=\sum a_{ki}a_{lj}\widetilde{g_{kl}} \text{ 또는 } (g_{ij})=(a_{ki})^t(\widetilde{g_{kl}})(a_{lj}).$$

정의 1.16

(1) vector 공간 V로부터 vector공간 W로의 **선형 변환**(linear transformation)(또는 **일차 변환**)은 함수 T : V → W이며

$$T(a\mathbf{v}+b\mathbf{w})=aT(\mathbf{v})+bT(\mathbf{w}),\quad \forall\,\mathbf{v},\mathbf{w}\in V, a,b\in\mathbf{R}$$

를 만족한다.

그리고, 전단사(one-to-one onto) 일차변환을 **동형사상**(isomorphism)이라고 한다.

▶ **참고 1. 17**

(1) $\{\mathbf{v}_1,\mathbf{v}_2,\ldots,\mathbf{v}_n\}$이 V의 기저이고 $\{\mathbf{w}_1,\mathbf{w}_2,\ldots,\mathbf{w}_m\}$이 W의 기저이면, 일차변환 T : V → W 에 대하여, 주어진 기저들에 관하여 T를 표현하는 행렬 $(T_{ij})_{m\times n}:T(\mathbf{v}_j)=\sum T_{ij}\mathbf{w}_i$ 이 존재한다.

(2) (1)에서 V=W 이고, $\mathbf{v}=\sum a_j \mathbf{v}_j$ 이면,

$$T(\mathbf{v})=\sum(\sum T_{ij}a_j)\mathbf{w}_i$$

(3) T : V → V 가 선형 변환이고 V가 2개의 기저 $\{\mathbf{u}_1,\mathbf{u}_2,\cdots,\mathbf{u}_n\}$과 $\{\mathbf{v}_1,\mathbf{v}_2,\cdots,\mathbf{v}_n\}$를 갖고, $\mathbf{u}_i=\sum a_{ki}\mathbf{v}_k$, (T_{ij})가 $\mathbf{u}_i$에 관하여 T를 표현하고, $(\widetilde{T_{kl}})$이 $\mathbf{v}_k$에 관하여 T를 표현하면,

$$\sum T_{ij}a_{ki}\mathbf{v}_k=\sum T_{ij}\mathbf{u}_i=T(\mathbf{u}_j)$$
$$T(\sum a_{lj}\mathbf{v}_l)=\sum a_{lj}T(\mathbf{v}_l)=\sum a_{lj}\widetilde{T_{kl}}\mathbf{v}_k$$

그러므로, $\sum T_{ij}a_{ki}=\sum a_{lj}\widetilde{T_{kl}}$

또는 $(a_{ki})(T_{ij})=(\widetilde{T_{kl}})(a_{kj})$

또는 $(T_{ij})=(a_{ki})^{-1}(\widetilde{T_{kl}})(a_{lj})$.

정의 1.18

T :V → V 가 선형 변환일때, $\exists \mathbf{v}\neq 0: T(\mathbf{v})=\lambda\mathbf{v}$를 만족하는 실수 λ를 T의 **고유값**(eigenvalue)이라고 부르고 λ에 대응되는 $\mathbf{v}$를 T의 **고유 vector**(eigenvector)라고 한다.

▶ **참고 1.19**

(T_{ij})가 T를 표현할 때, T의 고유값은 다항식 $\det(T_{ij}-\lambda\delta_{ij})=0$의 실수해이다. 그리고, dimV=n이면, 기껏해야 중복도 포함하여(counting multiplicity) n개의 고유값이 존재한다.

예제 1.20

행렬 $\begin{pmatrix} 2 & 0 \\ -1 & 1 \end{pmatrix}$이 표준 기저 {(1, 0), (0, 1)}에 관하여 일차 변환 T : $R^2 \to R^2$를 표현할 때, $\begin{vmatrix} (2-\lambda) & 0 \\ -1 & (1-\lambda) \end{vmatrix}=(\lambda-1)(\lambda-2)=0$. 고유값은 1과 2.

$$\begin{pmatrix} 2 & 0 \\ -1 & 1 \end{pmatrix}\begin{pmatrix} x \\ y \end{pmatrix}=\begin{pmatrix} x \\ y \end{pmatrix} \Rightarrow \text{고유 vector } \begin{pmatrix} x \\ y \end{pmatrix}=\begin{pmatrix} 0 \\ 1 \end{pmatrix}$$

$$\begin{pmatrix} 2 & 0 \\ -1 & 1 \end{pmatrix}\begin{pmatrix} x \\ y \end{pmatrix}=2\begin{pmatrix} x \\ y \end{pmatrix} \Rightarrow \text{고유 vector } \begin{pmatrix} x \\ y \end{pmatrix}=\begin{pmatrix} 1 \\ -1 \end{pmatrix}$$

정의 1.21

$\{\mathbf{u}_1, \mathbf{u}_2, \ldots, \mathbf{u}_n\}$과 $\{\mathbf{v}_1, \mathbf{v}_2, \ldots, \mathbf{v}_n\}$이 V의 2개의 순서 기저(ordered bases)이고, 행렬 (a_{ij})를 $\mathbf{v}_j = \sum a_{ij}\mathbf{u}_i$에 의해서 정의하자.

이때 $\det(a_{ij}) > 0$ 이면,

$\{\mathbf{u}_1, \mathbf{u}_2, \ldots, \mathbf{u}_n\}$과 $\{\mathbf{v}_1, \mathbf{v}_2, \ldots, \mathbf{v}_n\}$이 V에 **같은 향**(same orientation)을 주고,

$\det(a_{ij}) < 0$ 이면,

$\{u_1, u_2, \cdots, u_n\}$과 $\{v_1, v_2, \cdots, v_n\}$이 V에 **반대 향**(opposite orientation)을 준다고 정의한다.

예제 1.22

(1) $\{e_1 = (1,0,0),\ e_2 = (0,1,0),\ e_3 = (0,0,1)\}$과

$\{(1, 1, 0), (2, 1, 3), (1, 0, -1)\}$이 R^3에 같은 향을 준다.

(2) $\{e_1 = (1,0,0),\ e_2 = (0,1,0),\ e_3 = (0,0,1)\}$과 $\{(1, 1, 0), (1, 0, -1),$

$(2, 1, 3)\}$이 R^3에 다른 향을 준다. $(\because \det(a_{ij}) = \begin{vmatrix} 1 & 1 & 2 \\ 1 & 0 & 1 \\ 0 & -1 & 3 \end{vmatrix} = -4)$

정의 1.23

$u = \sum_{i=1}^{3} u_i e_i$, $v = \sum_{i=1}^{3} v_i e_i$가 R^3의 임의의 vector 일 때,

u와 v의 **외적**(vector product) $u \times v$는

$$u \times v = \begin{vmatrix} e_1 & e_2 & e_3 \\ u_1 & u_2 & u_3 \\ v_1 & v_2 & v_3 \end{vmatrix} = ((u_2v_3 - u_3v_2), (u_3v_1 - u_1v_3), (u_1v_2 - u_2v_1))$$

으로 정의한다.

정리 1.24

$\mathbf{u}, \mathbf{v}, \mathbf{w} \in \mathbf{R}^3$, $a \in \mathbf{R}$,

(1) $\mathbf{u} \times \mathbf{v} = -\mathbf{v} \times \mathbf{u}$,

(2) $(a\mathbf{u}) \times \mathbf{v} = a(\mathbf{u} \times \mathbf{v})$,

(3) $\mathbf{u} \times \mathbf{v} = 0 \Leftrightarrow \mathbf{u}, \mathbf{v}$가 일차 종속이다 ,

(4) $(\mathbf{u} + \mathbf{v}) \times \mathbf{w} = (\mathbf{u} \times \mathbf{w}) + (\mathbf{v} \times \mathbf{w})$,

(5) $(\mathbf{u} \times \mathbf{v}) \cdot \mathbf{u} = 0, (\mathbf{u} \times \mathbf{v}) \cdot \mathbf{v} = 0$,

(6) $\| \mathbf{u} \times \mathbf{v} \| = \| \mathbf{u} \| \, \| \mathbf{v} \| \sin\theta$, $\theta = \measuredangle(\mathbf{u}, \mathbf{v})$,

(7) $\{\mathbf{u}, \mathbf{v}\}$가 일차 독립이면 , $\{\mathbf{u}, \mathbf{v}, \mathbf{u} \times \mathbf{v}\}$가 $\mathbf{R}^3$에 **우수향**(right handed orientation)을 준다.

(8) $\mathbf{u} \cdot (\mathbf{v} \times \mathbf{w}) = (\mathbf{u} \times \mathbf{v}) \cdot \mathbf{w}$.

정의 1.25

$\mathbf{u}, \mathbf{v}, \mathbf{w} \in \mathbf{R}^3$의 scalar **삼중적**(triple product)

$[\mathbf{u}, \mathbf{v}, \mathbf{w}] = \mathbf{u} \cdot (\mathbf{v} \times \mathbf{w}) \in \mathbf{R}$ 로 정의한다.

정리 1.26

$|[u,v,w]|$ 는 $\mathbf{u},\mathbf{v},\mathbf{w}$에 의해서 생성된 평행 육면체(parallelopiped)의 부피(volume)이다.

$(\because |[\mathbf{u},\mathbf{v},\mathbf{w}]| = \|\mathbf{u}\| \|\mathbf{v}\times\mathbf{w}\| |\cos\theta|$, $\theta = \measuredangle(\mathbf{u},\mathbf{v}\times\mathbf{w}) =$

$(\|\mathbf{u}\| |\cos\theta|) \|\mathbf{v}\times\mathbf{w}\|$)

정의 1.27

$\mathbf{x}_0 = (x_0, y_0, z_0) \in \mathbb{R}^3$ 를 지나고 $\mathbf{v} \neq 0$ 와 평행인 **직선의 방정식**은

$\alpha(t) = \mathbf{x}_0 + t\mathbf{v}, t \in \mathbb{R}$ 이다.

▶ **참고 1. 28**

(1) $\mathbf{x}_0 = (x_0, y_0, z_0), \mathbf{v} = (v_1, v_2, v_3) \neq 0$, $\alpha(t) = (x(t), y(t), z(t))$이면 ,

직선의 표준형은 :

$$\frac{x-x_0}{v_1} = \frac{y-y_0}{v_2} = \frac{z-z_0}{v_3}$$

이다.

(2) 서로 다른 두점 $\mathbf{x}_1, \mathbf{x}_2$를 지나는 직선의 방정식은 :

$$\alpha(t) = \mathbf{x}_1 + t(\mathbf{x}_2 - \mathbf{x}_1), t \in \mathrm{R}$$

이다.

정의 1.29

$\mathbf{a} \neq 0$에 수직이고 $\mathbf{x}_0$를 지나는 **평면의 방정식**은 : $(\mathbf{x} - \mathbf{x}_0) \cdot \mathbf{a} = 0$이다.

▶ **참고 1. 30**

$\{\mathbf{u}, \mathbf{v}\}$가 일차 독립이면, $\mathbf{u}$와 $\mathbf{v}$에 평행하고 $\mathbf{x}_0$를 지나는 평면의 방정식은 $(\mathbf{x} - \mathbf{x}_0) \cdot (\mathbf{u} \times \mathbf{v}) = 0$.

정의 1.31

중심이 $\mathbf{c}$이고 반경이 $r > 0$인 R^3에서의 **구면**(sphere)의 방정식은 : $(\mathbf{x} - \mathbf{c}) \cdot (\mathbf{x} - \mathbf{c}) = r^2$이다.

▶ **참고 1. 32**

(1) $f : \mathrm{R} \to V$, V는 vector 공간, $\{\mathbf{v}_1, \mathbf{v}_2, \ldots, \mathbf{v}_n\}$이 V의 기저이면, $f(t) = \sum_{i=1}^{n} f_i(t)\mathbf{v}_i$이다. 성분 함수 f_i가 미분가능 하거나 적분 가능하

면, $\frac{df}{dt}=\sum_{i=1}^{n}\frac{df_i}{dt}\mathbf{v}_i$, $\int_a^b f(t)dt=\sum_{i=1}^{n}(\int_a^b f_i(t)dt)\mathbf{v}_i$.

정리 1.33

f,g : R → R^3 ; vector값 함수 일 때,

(1) $\frac{d}{dt}(f\cdot g)=\frac{df}{dt}\cdot g+f\cdot\frac{dg}{dt}$,

(2) $\frac{d}{dt}(f\times g)=\frac{df}{dt}\times g+f\times\frac{dg}{dt}$,

(3) $\| f \|$가 상수 vector이면, $\frac{df}{dt}\cdot f=0$

정의 1.34

(1) f : R → R이 C^k(of class C^k) 함수 ⇔ k차(order k) 까지의 f의 모든 도함수들이 존재하고 연속이다.

(2) f : R^n → R이 C^k(of class C^k) 함수 ⇔ k차(order k) 까지의 f의 모든 편도함수들이 존재하고 연속이다.

(3) vector값 함수f : R → R^n이 C^k(of class C^k) 함수 ⇔ 주어진 기저에 관하여 모든 성분 함수들이 C^k함수.

▶ 참고 1. 35

(1) $x = x(u_1, u_2, \ldots, u_n)$, $u_i = u_i(x_1, x_2, \ldots, x_m)$이면,

$$\frac{\partial x}{\partial x_j} = \sum_{i=1}^{n} \frac{\partial x}{\partial u_i} \frac{\partial u_i}{\partial x_j}, \quad j = 1, 2, \ldots, m.$$

(2) $x = x(u(t), v(t))$이면 $\dfrac{dx}{dt} = \dfrac{\partial x}{\partial u}\dfrac{du}{dt} + \dfrac{\partial x}{\partial v}\dfrac{dv}{dt}$.

제2장 곡선론 (Space Curve Theory)

2.1 곡선의 매개화

3차원 Euclid공간에서의 1차원 공간곡선을 매개화하고 이를 호의 길이 s로 재매개화 하여 단위 속력곡선을 얻고자 한다.

정의 2.1

R^3에서 매개화된 미분가능한 곡선 C는 미분가능한 함수

$$\alpha : (a, b) \rightarrow R^3$$

이다.

즉, $\alpha(t) = (x(t), y(t), z(t)), \forall t \in (a, b)$.

여기서, t를 매개변수, α를 곡선 C의 **매개화** 라고 부른다.

▶ **참고 2. 2**

(1) α의 각 좌표 함수 x, y, z가 미분가능 하면 α가 **미분가능하다** (differentiable)라고 한다.

(2) $\dot{\alpha}(t) = \frac{d\alpha}{dt} = (\dot{x}, \dot{y}, \dot{z}) = (\frac{dx}{dt}, \frac{dy}{dt}, \frac{dz}{dt})$를 t에서 α의 **속도 벡터**(velocity vector) 또는 **접 벡터**(tangent vector) 라고 부른다.

예제 2.3

(1) [나선(circular helix)]: $\alpha(t) = (a\cos t, a\sin t, bt)$, $a > 0, b > 0$.

(2) [삼차 곡선(cubic curve)] : $\alpha(t) = (t, t^2, t^3)$.

(3) [직선(straight line)] : $\alpha(t) = (p_1 + tq_1, p_2 + tq_2, p_3 + tq_3)$

$= p + tq$, $p = (p_1, p_2, p_3), q = (q_1, q_2, q_3)$,

$p_i, q_i \in R$, $-\infty < t < \infty$.

정의 2.4

매개화된 미분가능한 곡선 α가 **정칙**(regular)이란 모든 t 에 대하여, $\dot{\alpha}(t) \neq 0$, 즉 접벡터가 영벡터가 아님을 말한다.

정의 2.5

곡선 $\alpha(t)$의 **호의길이(arclength)** $s(t)$는

$$s(t) = \int_{t_0}^{t} \| \dot{\alpha}(u) \| \, du\,, \quad \| \dot{\alpha} \|$$

는 벡터 $\dot{\alpha}$의 길이(norm)이다.

예제 2.6

곡선 $\alpha(t) = (2\cosh 3t, -2\sinh 3t, 6t)$의 t=1에서 t=5가지의 호의길이(arc length)를 구하면,

$$s = \int_1^5 \| \frac{d\alpha}{dt} \| \, dt = \int_1^5 6(\sinh^2 3t + \cosh^2 3t + 1)^{1/2} dt$$

$$= 6\sqrt{2} \int_1^5 \cosh 3t \, dt = 2\sqrt{2}\,(\sinh 15 - \sinh 3).$$

예제 2.7

곡선 $\alpha(t) = (e^t \cos t, e^t \sin t, e^t)$

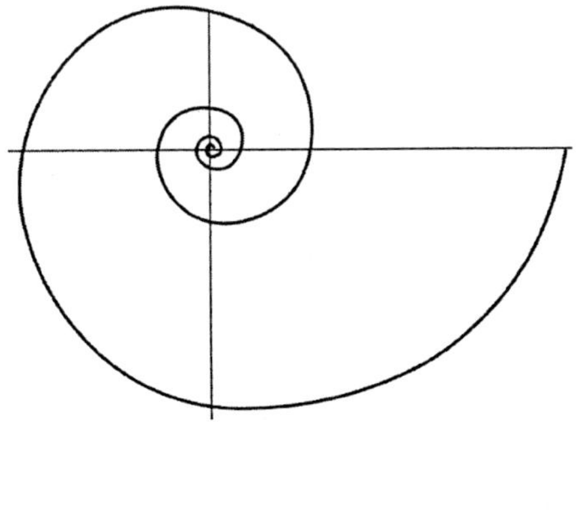

를 호의 길이 s로 **재매개화**(reparametrize)하면,

$$s=\int_0^t \left\| \frac{d\alpha(u)}{du} \right\| du = \sqrt{3}\int_0^t e^u\, du = \sqrt{3}\,(e^t - 1),$$

$t = \ln(\frac{s}{\sqrt{3}}+1)$이므로,

$$\begin{aligned}\beta(s) &= \alpha(t(s)) \\ &= ((\frac{s}{\sqrt{3}}+1)\cos(\ln(\frac{s}{\sqrt{3}}+1)) , \\ &\quad (\frac{s}{\sqrt{3}}+1)\sin(\ln(\frac{s}{\sqrt{3}}+1)),\ (\frac{s}{\sqrt{3}}+1)).\end{aligned}$$

▶ **참고 2.8**

(1) $\| \dot{\alpha} \| = 1$이면, s(t)=t이고, 이때 α는 호의 길이 s에 의하여 매개화 된다고 말한다, 즉, $\alpha = \alpha(s)$

(2) $\alpha'(s) = \frac{d\alpha}{ds}$가 α의 접선(tangent line)이면, $\alpha''(s)$는 접선이 어떻게 변화하고 있는지 알려준다.

2.2 곡선의 곡률(curvature)과 꼬임율(torsion)

단위 속력 곡선의 곡률과 꼬임률, 그리고 국소적인 움직이는 삼면체 {T, N, B}에 의해서 생성된 평면들을 정의하고, 그 예를 알아본다.

정의 2.9

(1) $\alpha : I \to R^3$, (I는 R에서의 구간)가 호의길이 s에 의하여 매개화된 곡선이면, $\kappa(s) = \| \alpha''(s) \|$를 α의 **곡률**(curvature)이라고 부른다.

(2) 곡률 $\kappa > 0$인 정칙곡선 $\alpha(s)$에 대하여, $T(s) = \alpha'(s)$를 α의 **단위 접벡터**(unit tangent vector), $N(s) = \dfrac{\alpha''(s)}{\kappa(s)}$를 α의 단위 **주법선 벡터**(unit principal normal vector), $B(s) = T(s) \times N(s)$, $T \times N$은 두 벡터 T와 N의 외적(vector product)를 **단위종법선벡터**(unit binormal vector)라고 정의하고, 이때, $\tau(s) = -B' \cdot N$, 여기서 $a \cdot b$는 두 벡터 a와 b의 내적(inner product)를 α의 **꼬임율**(torsion)(또는 **비틀림률**)이라고 정의한다.

(3) T(s)와 N(s)에 의해서 결정된 평면을 s에서 **접촉평면**(osculating plane), N(s)와 B(s)에 의해서 결정된 평면을 s에서 **법평면**(normal plane), B(s)와 T(s)에 의해서 결정된 평면을 s에서 **전직평면**(rectifying plane)이라고 각각 부른다.

▶ 참고 2.10

(1) 원 $\alpha(t)=(a\cos t, a\sin t)$의 **접선의 방정식은**

$$\frac{x-a\cos t}{-\sin t}=\frac{y-a\sin t}{\cos t}$$

이다.

풀이

$\dot{\alpha}=(-a\sin t, a\cos t)$이고, s=at이므로,

$\beta(s)=\alpha(t(s))=(a\cos(\frac{s}{a}), a\sin(\frac{s}{a}))$, $T=(-\sin t, \cos t)$

따라서, 구하고자하는 접선의 방정식은,

$\frac{x-a\cos t}{-\sin t}=\frac{y-a\sin t}{\cos t}$, 즉 $x\cos t+y\sin t=a$

(2) 나선(circular helix)의 **접촉평면의 방정식은** :

$$\begin{vmatrix} x-a\cos t & y-a\sin t & z-bt \\ -a\sin t & a\cos t & b \\ -a\cos t & -a\sin t & 0 \end{vmatrix}=0$$

이다. 왜냐하면, 나선 $\alpha(t)$의 접촉평면의 방정식은 scalar 삼중적 $[\beta(t)-\alpha(t), \dot{\alpha}, \frac{d^2\alpha}{dt^2}]=0$이기 때문이다.

(3) **단위 속력 곡선** $\beta=\beta(s)$의 곡률 κ와 꼬임율 τ 는 다음과 같다 :

$$\kappa^2=\beta''\cdot\beta'',\quad \tau=\frac{[\beta',\beta'',\beta''']}{\kappa^2},$$

여기서, $[\beta',\beta'',\beta''']=\beta'\cdot(\beta''\times\beta''')$이고 3vector β',β'',β'''의 scalar 삼중적이라고 부른다.

풀이 $\beta''\cdot\beta''=\kappa N\cdot\kappa N=\kappa^2$ 이고,

$[\beta',\beta'',\beta''']=T\cdot[\kappa N\times\{\kappa' N+\kappa(-\kappa T+\tau B)\}]=\kappa^2\tau.$

(4) **평면곡선** $\beta(s)=(x(s),y(s))$에 대하여, $T'=\kappa N$, $N'=-\kappa T$

증명 $(T\cdot T)'=2T'\cdot T=0$이고, $(N\cdot N)'=2N'\cdot N=0$이므로,

$T'=(T'\cdot T)T+(T'\cdot N)N=\kappa N$ 이고

$N'=(N'\cdot T)T+(N'\cdot N)N=-(T'\cdot N)T=-\kappa T$

$(\because (T\cdot N)'=T'\cdot N+T\cdot N'=0)$ ▨

(5) 평면곡선 $\beta(s)$, $\|\mathbf{u}\|=1$, $J=\begin{pmatrix}0&-1\\1&0\end{pmatrix}$, $J\mathbf{u}=\mathbf{v}$, $\mathbf{u}\cdot\mathbf{v}=0$,

$\theta=\measuredangle(T,\mathbf{u})$이면 곡률 $\kappa=\dfrac{d\theta}{ds}$.

$\because$ $T=\cos\theta\mathbf{u}+\sin\theta\mathbf{v}$, $T'=(-\sin\theta\mathbf{u}+\cos\theta\mathbf{v})\dfrac{d\theta}{ds}$,

$$T' \cdot u = -\sin\theta \frac{d\theta}{ds}, \quad \kappa = T' \cdot N, \quad \kappa N \cdot u = \kappa N \cdot u = -\sin\theta \frac{d\theta}{ds},$$

$N \cdot u = \cos(\theta + \pi/2) = -\sin\theta$이므로 $, \kappa = \dfrac{d\theta}{ds}.$

(4) 평면곡선 $\alpha(t)=(t, \ f(t))$의 곡률 $\kappa(t)=\dfrac{|f''(t)|}{(1+f'(t)^2)^{3/2}}$ 임을 증명하라.

2.3 곡률과 꼬임율의 계산

매개화된 공간곡선의 곡률, 꼬임율 등을 단위 속력 곡선과 **임의 속력곡선**에서 실제로 구해본다.

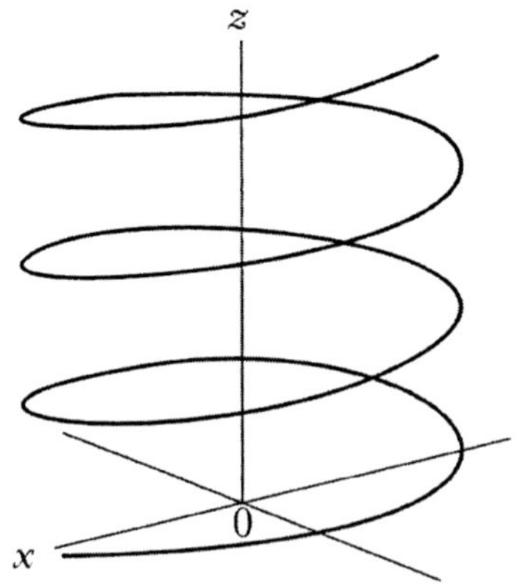

예제 2.11

(1) 나선(Circular Helix)

$$\alpha(t)=(a\cos t, a\sin t, bt),$$

$$a>0,\ b>0\ \ \kappa=\frac{a}{a^2+b^2},\ \ \tau=\frac{b}{a^2+b^2}.$$

풀이 $s=\int_0^t \|\dot{\alpha}(u)\|du=\sqrt{a^2+b^2}\,t=ct,\ c^2=a^2+b^2,$

$$\beta(s)=\alpha(t(s))=(a\cos(\frac{s}{c}), a\sin(\frac{s}{c}), \frac{bs}{c})$$

$$T=\beta'=(-\frac{a}{c}\sin(\frac{s}{c}), \frac{a}{c}\cos(\frac{s}{c}), \frac{b}{c})$$

$$\kappa=\|T'\|=\|\beta''\|=\|(-\frac{a}{c^2}\cos(\frac{s}{c}), -\frac{a}{c^2}\sin(\frac{s}{c}), 0)\|$$

$$=\frac{a}{c^2}=\frac{a}{a^2+b^2}.$$

$$N=\frac{T'}{\kappa}=\frac{c^2}{a}T'=\frac{c^2}{a}\beta''=(-\cos(\frac{s}{c}), -\sin(\frac{s}{c}), 0)$$

$$B=T\times N=\begin{vmatrix} e_1 & e_2 & e_3 \\ -a/c\sin(s/c) & a/c\cos(s/c) & b/c \\ -\cos(s/c) & -\sin(s/c) & 0 \end{vmatrix}$$

$$=(\frac{b}{c}\sin(\frac{s}{c}), -\frac{b}{c}\cos(\frac{s}{c}), \frac{a}{c})$$

$$B'=(\frac{b}{c^2}\cos(\frac{s}{c}), \frac{b}{c^2}\sin(\frac{s}{c}), 0),$$

$$\tau=-B'\cdot N=\frac{b}{c^2}=\frac{b}{a^2+b^2}.$$

(2) $\alpha(t)=(\frac{1}{\sqrt{2}}\cos t,\sin t,\frac{1}{\sqrt{2}}\cos t)$의 곡률 κ와 꼬임율 τ를 구하라.

풀이 $s=\int_0^t\sqrt{(-\frac{1}{\sqrt{2}}\sin u)^2+\cos^2 u+(-\frac{1}{\sqrt{2}}\sin u)^2}\,du = t$

이므로,

$$\beta(s)=\alpha(t(s))=\alpha(s)=(\frac{1}{\sqrt{2}}\cos(s),\sin(s),\frac{1}{\sqrt{2}}\cos(s))$$

$$\beta''=(-\frac{1}{\sqrt{2}}\cos(s),-\sin(s),-\frac{1}{\sqrt{2}}\cos(s))$$

$\kappa=\sqrt{\beta''\cdot\beta''}=1$이다

$\beta'\cdot(\beta''\times\beta''')=0$이므로, $\tau=\frac{[\beta',\beta'',\beta''']}{\kappa^2}=0$

(3) $\beta(s)=(\frac{(1+s)^{3/2}}{3},\ \frac{(1-s)^{3/2}}{3},\ \frac{s}{\sqrt{2}})$, $-1 < s < 1$ 에서

$\|\beta'\|=1$, $\kappa=\frac{1}{\sqrt{8(1-s^2)}}$,$N=(\frac{\sqrt{2(1-s)}}{2},\frac{\sqrt{2(1+s)}}{2},0)$,

$B=(\frac{-\sqrt{1-s}}{2},\frac{\sqrt{1-s}}{2},\frac{\sqrt{2}}{2})$, $\tau=\kappa$임을 보여라.

정리 2.12

임의의 **정칙 공간곡선** $\alpha(t)$에 대하여,

$$T = \frac{\dot{\alpha}}{\|\dot{\alpha}\|}, \quad B = \frac{\frac{d\alpha}{dt}\times\frac{d^2\alpha}{dt^2}}{\|\frac{d\alpha}{dt}\times\frac{d^2\alpha}{dt^2}\|}, \quad N = B \times T$$

$$\kappa = \frac{\|\frac{d\alpha}{dt}\times\frac{d^2\alpha}{dt^2}\|}{\|\dot{\alpha}\|^3}, \quad \tau = \frac{\frac{d\alpha}{dt}\cdot(\frac{d^2\alpha}{dt^2}\times\frac{d^3\alpha}{dt^3})}{\|\frac{d\alpha}{dt}\times\frac{d^2\alpha}{dt^2}\|^2}.$$

증명 $s = \int_0^t \|\dot{\alpha}(u)\| du = \int_0^t \sqrt{\dot{\alpha}\cdot\dot{\alpha}}\, du$

$$\Rightarrow \dot{s} = \frac{ds}{dt} = (\dot{\alpha}\cdot\dot{\alpha})^{1/2} \Rightarrow \frac{dt}{ds} = t' = (\dot{\alpha}\cdot\dot{\alpha})^{-1/2}$$

$$\alpha' = \frac{d\alpha}{ds} = \frac{d\alpha}{dt}\frac{dt}{ds} = \dot{\alpha}(\dot{\alpha}\cdot\dot{\alpha})^{-1/2},$$

$$\alpha'' = \frac{d}{ds}(\frac{d\alpha}{ds}) = \frac{d}{ds}(\dot{\alpha}t') = \frac{d}{dt}\frac{dt}{ds}(\dot{\alpha}t') = \frac{d^2\alpha}{dt^2}(t')^2 + \dot{\alpha}t''$$

$$t'' = \frac{dt'}{ds} = \frac{d}{dt}(\dot{\alpha}\cdot\dot{\alpha})^{-1/2}\frac{dt}{ds} = \frac{-1}{2}(\dot{\alpha}\cdot\dot{\alpha})^{-3/2}2\dot{\alpha}\frac{d^2\alpha}{dt^2}(\dot{\alpha}\cdot\dot{\alpha})^{-1/2}$$

$$= -(\dot{\alpha}\cdot\alpha)^{\cdot -2}(\dot{\alpha}\cdot\frac{d^2\alpha}{dt^2}).$$

그러므로,

$$\alpha'' = \frac{d^2\alpha}{dt^2}(\dot{\alpha} \cdot \dot{\alpha})^{-1} - \dot{\alpha}(\dot{\alpha} \cdot \dot{\alpha})^{-2}(\dot{\alpha} \cdot \frac{d^2\alpha}{dt^2})$$

$$= [\frac{d^2\alpha}{dt^2}(\dot{\alpha} \cdot \dot{\alpha}) - (\dot{\alpha} \cdot \frac{d^2\alpha}{dt^2})\dot{\alpha}](\dot{\alpha} \cdot \dot{\alpha})^{-2} .$$

따라서,

$$\kappa^2 = \alpha'' \cdot \alpha'' = [\frac{d^2\alpha}{dt^2}(\dot{\alpha} \cdot \dot{\alpha}) - (\dot{\alpha} \cdot \frac{d^2\alpha}{dt^2})\dot{\alpha}]^2$$

$$(\dot{\alpha} \cdot \dot{\alpha})^{-4} = [\frac{d^2\alpha}{dt^2}(\dot{\alpha} \cdot \dot{\alpha}) - (\dot{\alpha} \cdot \frac{d^2\alpha}{dt^2})\dot{\alpha}] \cdot$$

$$[\frac{d^2\alpha}{dt^2}(\dot{\alpha} \cdot \dot{\alpha}) - (\dot{\alpha} \cdot \frac{d^2\alpha}{dt^2})\dot{\alpha}](\dot{\alpha} \cdot \dot{\alpha})^{-4}$$

$$= [(\frac{d^2\alpha}{dt^2} \cdot \frac{d^2\alpha}{dt^2})(\dot{\alpha} \cdot \dot{\alpha})^2 - (\dot{\alpha} \cdot \dot{\alpha})(\dot{\alpha} \cdot \frac{d^2\alpha}{dt^2})^2$$

$$- (\dot{\alpha} \cdot \dot{\alpha})(\dot{\alpha} \cdot \frac{d^2\alpha}{dt^2})^2 + (\dot{\alpha} \cdot \dot{\alpha})(\dot{\alpha} \cdot \frac{d^2\alpha}{dt^2})^2]$$

$$(\dot{\alpha} \cdot \dot{\alpha})^{-4}$$

$$= [(\frac{d^2\alpha}{dt^2} \cdot \frac{d^2\alpha}{dt^2})(\dot{\alpha} \cdot \dot{\alpha})^2 - (\dot{\alpha} \cdot \dot{\alpha})(\dot{\alpha} \cdot \frac{d^2\alpha}{dt^2})^2]$$

$$(\dot{\alpha} \cdot \dot{\alpha})^{-4}$$

$$= [(\frac{d^2\alpha}{dt^2} \cdot \frac{d^2\alpha}{dt^2})(\dot{\alpha} \cdot \dot{\alpha}) - (\dot{\alpha} \cdot \frac{d^2\alpha}{dt^2})^2]$$

$$(\dot{\alpha} \cdot \dot{\alpha})^{-3}$$

$$= \frac{(\dot{\alpha} \times \frac{d^2\alpha}{dt^2})(\dot{\alpha} \times \frac{d^2\alpha}{dt^2})}{(\dot{\alpha} \cdot \dot{\alpha})^3}$$

$$(\because (\mathbf{a} \times \mathbf{b}) \cdot (\mathbf{c} \times \mathbf{d}) = (\mathbf{a} \cdot \mathbf{c})(\mathbf{b} \cdot \mathbf{d}) - (\mathbf{a} \cdot \mathbf{d})(\mathbf{b} \cdot \mathbf{c}))$$

그러므로, $\kappa \dfrac{\| \frac{d\alpha}{dt} \times \frac{d^2\alpha}{dt^2} \|}{\| \dot{\alpha} \|^3}$.

$\dot{\alpha} = \alpha' \dot{s}$, $\dfrac{d^2\alpha}{dt^2} = \alpha''(\dot{s})^2 + \alpha' \dfrac{d^2 s}{dt^2}$,

$$\frac{d^3\alpha}{dt^3} = \alpha'''(\dot{s})^3 + 3\alpha''(\dot{s}\frac{d^2 s}{dt^2}) + \alpha' \frac{d^3 s}{dt^3}$$

$$(\dot{\alpha}, \frac{d^2\alpha}{dt^2}, \frac{d^3\alpha}{dt^3}) = (\dot{s})^6 (\alpha' \alpha'' \alpha''') = [(\dot{\alpha} \cdot \dot{\alpha})^{1/2}]^6 (\alpha' \alpha'' \alpha''')$$

$$= (\dot{\alpha} \cdot \dot{\alpha})^3 (\alpha' \alpha'' \alpha''').$$

그래서, $\tau = \dfrac{(\alpha' \alpha'' \alpha''')}{\kappa^2} = \dfrac{(\dot{\alpha} \frac{d^2\alpha}{dt^2} \frac{d^3\alpha}{dt^3})}{(\dot{\alpha} \cdot \dot{\alpha})^3}$

$$\frac{(\dot{\alpha} \cdot \dot{\alpha})^3}{(\dot{\alpha} \times \frac{d^2\alpha}{dt^2})(\dot{\alpha} \times \frac{d^2\alpha}{dt^2})} = \frac{\frac{d\alpha}{dt} \cdot (\frac{d^2\alpha}{dt^2} \times \frac{d^3\alpha}{dt^3})}{\| \frac{d\alpha}{dt} \times \frac{d^2\alpha}{dt^2} \|^2}.$$ ▨

예제 2.13

$$\alpha(t) = (1+t,\ t^2,\ t^3),$$

$$\kappa(t) = \frac{(36t^4+36t^2+4)^{1/2}}{(1+4t^2+9t^4)^{3/2}},$$

$$\tau(t) = \frac{12}{36t^4+36t^2+4},\quad T = \frac{(1,2t,3t^2)}{(1+4t^2+9t^4)^{1/2}},$$

$$B = \frac{(6t^2,-6t,2)}{(36t^4+36t^2+4)^{1/2}},$$

$$N = B\times T = \frac{(-18t^3-4t,-18t^4+2,12t^3+6t)}{(1+4t^2+9t^4)^{1/2}(36t^4+36t^2+4)^{1/2}}$$

정리 2.14

1 정칙 평면곡선 $\alpha(t)=(x(t),y(t))$의 평면곡률

$$\kappa = \frac{\left|\frac{dx}{dt}\frac{d^2y}{dt^2}-\frac{d^2x}{dt^2}\frac{dy}{dt}\right|}{((\dot{x})^2+(\dot{y})^2)^{\frac{3}{2}}}$$ 이다.

문제 2.14

2 타원 $\alpha(t)=(a\cos t, b\sin t)$의 곡률을 구하라.

풀이 $\dot{\alpha}=(-a\sin t, b\cos t)$, $\ddot{\alpha}=(-a\cos t,-b\sin t)$이므로,

$$\text{곡률 } \kappa(t) = \frac{|\dot{x}\ddot{y}-\ddot{x}\dot{y}|}{[(\dot{x})^2+(\dot{y})^2]^{3/2}} = \frac{ab}{(a^2\sin^2 t+b^2\cos^2 t)^{3/2}}.$$

2.4 Frenet-Serret 공식과 그 응용

정리 2.15

[Frenet-Serret Formula]

$\beta(s)$가 곡률 $\kappa \neq 0$인 단위 속력곡선이면,

$$T'(s) = \kappa(s)N(s),$$

$$N'(s) = -\kappa(s)T(s) + \tau B,$$

$$B'(s) = -\tau(s)N(s).$$

즉, $\begin{pmatrix} T' \\ N' \\ B' \end{pmatrix} = \begin{pmatrix} 0 & \kappa & 0 \\ -\kappa & 0 & \tau \\ 0 & -\tau & 0 \end{pmatrix} \begin{pmatrix} T \\ N \\ B \end{pmatrix}$

증명

(1) 정의에 의하여, $T' = \kappa N$, $B' = -\tau N$임.

(2) $N' = (B \times T)' = B' \times T + B \times T'$

$$= -(\tau N) \times T + B \times (\kappa N)$$

$$= -\kappa T + \tau B.$$ ▨

▶ **참고 2. 16**

(1) $\{T, N, B\}$가 곡선 $\alpha = \alpha(s)$의 **표준정규 직교기저**(standard orthonormal basis)를 이루며, 이를 **프레네 틀(또는 구조)**(Frenet Frame)라고 부르기도 한다.

(2) $\beta=\beta(s)\in C^{\infty}(I)\Rightarrow\beta'=T$, $\beta''=\kappa N$, $\beta'''=-\kappa^2T+\kappa'N+\kappa\tau B$.

(3) $p=(0,0,0)$, $T=e_1=(1,0,0)$, $N=e_2=(0,1,0)$, $B=e_3=(0,0,1)$가 되도록, 곡선 $\beta=\beta(s)$의 임의의 점 p를 택하면, $\beta'=T=(1,0,0)$, $\beta''=\kappa N=(0,\kappa,0)$, $\beta'''=-\kappa^2T+\kappa'N+\kappa\tau B=(-\kappa^2,\kappa',\kappa\tau)$.

(4) $\beta(s)=\beta(0)+s\beta'(0)+\frac{s^2}{2!}\beta''(0)+\frac{s^3}{3!}\beta'''(0)+o(s^3)$,

$$(\ f=o(g)\Leftrightarrow\lim_{x\to 0}\frac{f(x)}{g(x)}=0\ )$$

$$\beta(s)=(0,\ 0,\ 0)+S(1,\ 0,\ 0)+\frac{s^2}{2!}(0,\ \kappa,\ 0)$$
$$+\frac{s^3}{3!}(-\kappa^2,\ \kappa',\ \kappa\tau)+o(s^3)$$
$$=(s-\frac{s^3}{3!}\kappa^2+o(s^3),\ \frac{s^2}{2!}\kappa+\frac{s^3}{3!}\kappa'+o(s^3)\ ,\ \frac{s^3}{3!}\kappa\tau+o(s^3))$$
$$=(x(s),y(s),z(s)).$$

2.5 자연방정식(natural equations), 일반적인 나선 (helices), 축폐선(evolutes)과 신개선(involutes)

정의 2.17

곡선 $\alpha(s)$의 **자연 방정식**은 $\kappa=\kappa(s)$, $\tau=\tau(s)$이다.

예제 2.18

$\kappa(s)=1/a$, $\tau(s)=0$은 반경이 a인 원의 자연 방정식이고, $\kappa(s)$=상수$\neq$ 0, $\tau(s)$=상수$\neq$0은 나선 (circular helix)의 자연 방정식이다.

정의 2.19

고정된 단위vector **u**에 대하여, **T**·**u**=상수이면, 정칙곡선 $\alpha(s)$를 **일반적인 나선**(general helix)이라고 부르고, 이때, **u**를 **나선의 축**(axis)이라고 한다.

정리 2.20

[Lancret]

곡률 $\kappa\neq0$인 단위속력 곡선 $\alpha(s)$가 일반적인 나선일 필요충분 조건은 $\tau=c\kappa$인 상수 c가 존재한다.

증명 ($\Rightarrow$)

단위 속력곡선 $\alpha(s)$가 일반적인 나선이면,

$\mathbf{T}\cdot\mathbf{u}=$상수 $\Rightarrow$ $\kappa\mathbf{N}\cdot\mathbf{u}=0$ $\Rightarrow$ $\mathbf{N}\cdot\mathbf{u}=0$

$\Rightarrow$ $\mathbf{u}=\|\mathbf{u}\|\cos\theta\mathbf{T}+\|\mathbf{u}\|\sin\theta\mathbf{B}$, $\theta=\measuredangle(\mathbf{T},\mathbf{u})$

$=\cos\theta\boldsymbol{T}+\sin\theta\boldsymbol{B}$ ($\because\|\mathbf{u}\|=1$)

$\Rightarrow$ $0=\kappa\mathbf{N}\cos\theta-\tau\mathbf{N}\sin\theta=(\kappa\cos\theta-\tau\sin\theta)\mathbf{N}$

$\Rightarrow$ $\dfrac{\tau}{\kappa}=\cot\theta=$ 상수.

($\Leftarrow$)

$\tau\neq0$, $\dfrac{\kappa}{\tau}=$상수$=c$ $\Rightarrow$ $\exists\theta:\tan\theta=c$

$\Rightarrow$ $\dfrac{\kappa}{\tau}=\tan\theta$ $\Rightarrow$ $\kappa\cos\theta-\tau\sin\theta=0$

$\Rightarrow$ $(\kappa\cos\theta-\tau\sin\theta)\mathbf{N}=\mathbf{0}$

$\Rightarrow$ $\cos\theta\mathbf{T}'+\sin\theta\boldsymbol{B}'=\mathbf{0}$

$\Rightarrow$ $\mathbf{T}\cos\theta+\mathbf{B}\sin\theta=\mathbf{u}=$상수 vector

$\Rightarrow$ $\mathbf{T}\cdot\mathbf{u}=\cos\theta=$ 상수, $\|\mathbf{u}\|=1$

$\Rightarrow$ $\alpha(s)$는 $\alpha'=\mathbf{T}$인 일반적인 나선이다. ▨

정의 2.21

α와 β가 구간 (a, b)에서 정의된 두 정칙곡선일때, β가 α의 **신개선**(involute)이란 α의 접선과 수직인 곡선을 말하고, α가 β의 신개선이면 β를 α의 **축폐선**(evolute)이라고 부른다.

정리 2.22

$\alpha(s)$가 단위속력 곡선일때,

(1) $\beta(s)$가 $\alpha(s)$의 **신개선**이면, $\beta(s)=\alpha(s)+(c-s)\mathrm{T}$, c는 상수, $\mathrm{T}=\alpha'$이다.

(2) $\beta(s)$가 $\alpha(s)$의 **축폐선**이면, $\beta(s)=\alpha(s)+\mathrm{R}[\mathrm{N}+\cot(\int\tau ds+c)\mathrm{B}]$, c는 상수이다.

증명 (1) $\beta(\mathrm{s})=\alpha(\mathrm{s})+\lambda(\mathrm{s})\mathrm{T}$

$\Rightarrow \beta'=\alpha'+\lambda'\mathrm{T}+\lambda(\kappa\mathrm{N})=\mathrm{T}+\lambda'\mathrm{T}+\lambda(\kappa\mathrm{N})$

$\beta'\perp\mathrm{T}$ 이므로, $0=\beta'\cdot\mathrm{T}=1+\lambda'$,

즉 $d\lambda+ds=0 \Rightarrow \lambda-s=c=$상수

$\Rightarrow \lambda=c-s$

$\Rightarrow \beta(\mathrm{s})=\alpha(\mathrm{s})+(c-s)\mathrm{T}$.

(2) $(\beta-\alpha)\perp T \Rightarrow \beta-\alpha = aN+bB$

$\Rightarrow \beta = \alpha + aN + bB$

$\Rightarrow \beta' = T + a'N + a(-\kappa T + \tau B) + b'B - b\tau N$

$= (1-a\kappa)T + (a' - \tau b)N + (a\tau + b')B.$

$\beta' \propto \beta-\alpha = aN+bB$ 이므로,

(a) $1-a\kappa = 0, a = 1/\kappa = R.$

(b) $\dfrac{a' - \tau b}{a} = \dfrac{a\tau + b'}{b} \Rightarrow \tau = \dfrac{(\frac{a}{b})'}{(\frac{a}{b})^2+1} = \dfrac{d}{ds}(\mathrm{Tan}^{-1}\dfrac{a}{b})$

$\Rightarrow \int \tau ds + c = \mathrm{Tan}^{-1}(\dfrac{a}{b})$

$\Rightarrow \dfrac{a}{b} = \tan(\int \tau ds + c)$

$\Rightarrow b = a\cot(\int \tau ds + c) = R\cot(\int \tau ds + c)$

그러므로, $\beta = \alpha + RN + R\cot(\int \tau ds + c)B$. ▨

2.6 국소 공간곡선의 기본정리

구부러진 정도(bending)를 나타내는 곡률 κ와 꼬인 정도(twisting)를 나타내는 꼬임율 τ가 공간곡선 $\alpha(s)$의 모든 가능한 변형을 나타내므로, 이 사실을 다음과 같이 국소 곡선론의 기본정리로 표현하고자 한다.

정리 2.23

[국소 공간곡선론의 기본정리(The Fundamental Theorm of Local Space Curve Theory)[1. 2. 3]

구간 $I(\subset R)$에서 주어진 두 함수 $\kappa(s)>0$, 와 $\tau(s)$가 미분 가능하면, s는 α의 호의길이(arclength)이고, $\kappa(s)$는 α의 곡률(curvature)이고, $\tau(s)$는 α의 꼬임율(torsion)이 되는 오직 하나의 정칙공간곡선 $\alpha: I \to R^3$가 존재한다. (두개의 정칙공간곡선 α, β가 존재한다면, 강체운동(rigid motion)에 의해서 α와 β는 합동(congruent)이다)

정리 2.24

[국소 공간곡선론의 기본정리(The Fundamental Theorm of Local Space Curve Theory)[1. 2. 3]

(1) 공간곡선 α의 곡률$\kappa=0$이면, α는 **직선**이다.

(2) 곡률 $\kappa \neq 0$일때, 공간 곡선이 평면 곡선일 필요충분조건은 꼬임율 τ =0이다.

(3) 곡률$\kappa>0$인 상수이고, 꼬임율 $\tau=0$인 공간 정칙 단위 속력곡선 $\beta=\beta(s)$는 반경$\mathrm{R}=\frac{1}{\kappa}$인 **원(의 일부)**이다.

(4) 곡률과 꼬임율이 각각 양의 상수인 정칙공간곡선은 **양의 방향**을 갖는 나선(circular helix)이다.

(5) 꼬임율 $\tau \neq 0$이고 $\frac{\kappa}{\tau}$=상수 인 곡선 $\beta(s) \Leftrightarrow \beta$는 **회전축**의 단위벡터와 β의 접벡터와의 사이각이 일정한 곡선, 즉 일정한 기울기를 갖는 곡선인, 일반적인 나선(helix)이다.

(6) 곡선 $\alpha(t)$의 **접촉평면의 방정식**은 $\beta(t)-\alpha(t)=\lambda\frac{d\alpha}{dt}+\mu\frac{d^2\alpha}{dt^2}$, $\lambda,\mu\in\mathbf{R}$ 이다.

(7) **접촉원**(osculating circle)의 중심 c는 곡선의 임의의 점 $\beta(s)$으로부터 $\mathrm{R}=\frac{1}{\kappa}>0$ 만큼 떨어진 주법선 위에 있다. 즉, $\mathrm{c}=\beta(\mathrm{s})+\mathrm{RN}$, $\mathrm{R}=\frac{1}{\kappa}$.

(8) 곡선 β의 **접촉구면**(osculating sphere)의

중심 c : $\mathrm{c}=\beta(\mathrm{s})+\mathrm{RN}+\mathrm{TR}'\mathbf{B}$, $\mathrm{R}=\frac{1}{\kappa}$, $\mathrm{T}=\frac{1}{\tau}$: 이다.

(9) 접촉구면의 반경 $r = \sqrt{R^2 + (TR')^2}$

(10) **접촉평면의 방정식** : $\{\beta(s) - \beta(s_0)\} \cdot B = 0$

법평면의 방정식 : $\{\beta(s) - \beta(s_0)\} \cdot T = 0$

전직평면의 방정식 : $\{\beta(s) - \beta(s_0)\} \cdot N = 0$

증명 (1) $\kappa = 0 \Rightarrow T' = 0 \Rightarrow \frac{d\alpha}{ds} = T = u =$ 상수 vector

$\Rightarrow \alpha(s) = su + v$, 즉 α는 직선이다.

(2) $\tau = 0 \Rightarrow B =$ 상수 vector

$\Rightarrow \frac{d}{ds}(\beta \cdot B) = T \cdot B = 0$

$\Rightarrow \beta \cdot B = c =$ 상수

그러므로, 곡선 β는 평면 $\beta \cdot B = c$에 놓이는 곡선이다. 반대로, 곡선 β가 접촉 평면상에 있으면, T와 $T' = \kappa N$이 위 평면과 평행하므로, $B = T \times N$가 위 평면과 수직이다. 따라서, B는 상수 vector이다. 그러므로, $B' = 0$ 그리고 $\tau = 0$.

(3) $\gamma(s) = \beta(s) + \frac{1}{\kappa(s)} N$라고 놓으면, $\gamma' = T + \frac{1}{\kappa}(-\kappa T + \tau B) = 0$,

$\gamma(s)=c$=상수 vector $\|\beta-c\| = \|\frac{1}{\kappa}N\| = \frac{1}{\kappa}$.

그러므로, β는 원(의 일부)이다.

(6) 곡선 α의 임의의 연속되는 세 점 $p(u_0)$, $q(u_1)$, $r(u_2)$에 대하여, p, q, r을 포함하는 평면을 $\beta \cdot a = p$, β는 평면의 일반적인 점 (generic point), a는 평면과 수직인 vector, p는 상수일 때, 함수 $f(u) = \alpha \cdot a - p$를 생각하면, $p(u_0)$, $q(u_1)$, $r(u_2)$가 평면상에 있으므로, Rolle의 정리에 의해,

$$\exists v_1 \in (u_0, u_1) : f'(v_1) = 0 \qquad \exists v_2 \in (u_1, u_2) : f'(v_2) = 0$$

이고 다시 Rolle의 정리를 적용하면,

$$\exists v_3 \in (v_1, v_2) : f''(v_3) = 0 .$$

$q, r \to p \Rightarrow u_1, u_2, v_1, v_2, v_3 \to u_0 \Rightarrow f(u_0) = f'(u_0) = f''(u_0) = 0$

$u_0 = u$에 대하여,

$$f(u) = 0 \Rightarrow \alpha \cdot a = p = \beta \cdot a \Rightarrow (\beta - \alpha) \cdot a = 0 .$$

$$f'(u) = 0 \Rightarrow \dot{\alpha} \cdot a = 0 .$$

$$f''(u) = 0 \Rightarrow \frac{d^2\alpha}{dt^2} \cdot a = 0 .$$

그래서, $\beta - \alpha \perp a$, $\dot{\alpha} \perp a$, $\frac{d^2\alpha}{dt^2} \perp a$이다.

따라서 $\beta-\alpha$, $\dot{\alpha}$, $\frac{d^2\alpha}{dt^2}$는 같은 평면 $(\beta-\alpha)\cdot a=0$ 상에 있다.

그러므로, $\beta-\alpha=\lambda\dot{\alpha}+\mu\frac{d^2\alpha}{dt^2}$.

(7) (6)번과 같은 방법으로, $f(s)=(\beta-c)\cdot(\beta-c)-r^2$이라고 놓으면 Rolle의 정리에 의하여, $f(s)=f'(s)=f''(s)=0$.

$$
\begin{aligned}
f'(s)=0 &\Rightarrow \beta'(\beta-\mathbf{c})+(\beta-\mathbf{c})\beta'=0 \\
&\Rightarrow \beta'(\beta-\mathbf{c})=0 \\
&\Rightarrow \mathbf{T}(\beta-\mathbf{c})=0 \quad \ldots\ldots\ldots\ldots\ldots\ldots (1)
\end{aligned}
$$

$$
\begin{aligned}
f''(s)=0 &\Rightarrow \beta''(\beta-\mathbf{c})+(\beta')^2+(\beta')^2+(\beta-\mathbf{c})\beta''=0 \\
&\Rightarrow 2\beta''(\beta-\mathbf{c})+2=0 \\
&\Rightarrow \kappa\mathbf{N}(\beta-\mathbf{c})+1=0 \\
&\Rightarrow \mathbf{N}(\beta-\mathbf{c})=-\frac{1}{\kappa}=-R \quad \ldots\ldots\ldots\ldots\ldots (2)
\end{aligned}
$$

$\beta-\mathbf{c}$가 **접촉평면**(osculating plane)위에 있으므로, $\beta-\mathbf{c}=a\mathbf{T}+b\mathbf{N}$.

(1)에 의해서, $\mathbf{T}(\beta-\mathbf{c})=a\mathbf{T}\cdot\mathbf{T}+b\mathbf{T}\cdot\mathbf{N}=a=0$

(2)에 의해서, $\mathbf{N}(\beta-\mathbf{c})=a\mathbf{T}\cdot\mathbf{N}+b\mathbf{N}\cdot\mathbf{N}=b=-R$

그러므로, $\mathbf{c}=\beta+R\mathbf{N}$.

(8) $f(s)=(\beta-\mathbf{c})\cdot(\beta-\mathbf{c})-\mathbf{r}^2$라고 놓으면,

Rolle의 정리에 의하여,

$$f(s)=f'(s)=f''(s)=f'''(s)=0$$

$$f'(s)=0 \Rightarrow \mathbf{T}(\beta-\mathbf{c})=0 \quad \cdots\cdots (1)$$

$$f''(s)=0 \Rightarrow \mathbf{N}(\beta-\mathbf{c})=-R \quad \cdots\cdots (2)$$

$$f'''(s)=0 \Rightarrow \mathbf{B}(\beta-\mathbf{c})=-TR' \quad \cdots\cdots (3)$$

$\beta-\mathbf{c}=a\mathbf{T}+b\mathbf{N}+c\mathbf{B}$라고 놓으면,

(1)에 의해서, $\mathbf{T}(\beta-\mathbf{c})=a\mathbf{T}\cdot\mathbf{T}+b\mathbf{T}\cdot\mathbf{N}+c\mathbf{T}\cdot\mathbf{B}=a=0$

(2)에 의해서, $\mathbf{N}(\beta-\mathbf{c})=b=-R$

(3)에 의해서, $\mathbf{B}(\beta-\mathbf{c})=c=-TR'$

그래서, $\beta-\mathbf{c}=-R\mathbf{N}-TR'\mathbf{B}$

즉, $\mathbf{c}=\beta+R\mathbf{N}+TR'\mathbf{B}$.

(9) 접촉 구면의 반경

$$\begin{aligned} r &= \sqrt{(\beta-\mathbf{c})\cdot(\beta-\mathbf{c})} \\ &= \sqrt{(-R\mathbf{N}-TR'\mathbf{B})\cdot(-R\mathbf{N}-TR'\mathbf{B})} \\ &= \sqrt{R^2+(TR')^2} \end{aligned}$$

▨

정리 2.25

평면곡선 $\beta(s)$: (a, b) → R^2의 곡률

$$\kappa = \| \beta''(s) \| = \frac{1}{\| \beta(s) - \mathbf{C} \|},$$

C는 **곡률원의 중심**(center of osculating circle) 이다.

정의 2.26

$\{e_1, e_2\}$가 R^2의 정규기저(standard basis)일때, $u, v \in R^2$에 대하여, 순서쌍 [u, v]가 **표준향**(standard orientation)에 있다는 것은 [u, v]에서 $[e_1, e_2]$로의 변환을 나타내는 행렬이 양의 행렬식을 갖는다는 의미이다.

▶ **참고 2. 27**

$\alpha(s)$가 정칙 평면곡선이면, $T(s) = \alpha'(s)$는 단위접 벡터이고, N(s)가 표준향 [T(s), N(s)]를 갖는 T와 수직인 유일한 단위 벡터이면, N(s)는 s에서 α의 단위 법벡터(unit normal vector)이고, $T' = \kappa N$, $N' = -\kappa T$이다.

증명 $(T \cdot T)' = 2T' \cdot T = 0$, $(N \cdot N)' = 2N' \cdot N = 0$ 이므로,

$$T' = (T' \cdot T)T + (T' \cdot N)N = (T' \cdot N)N = \kappa N$$

$$N' = (N' \cdot T)T + (N' \cdot N)N$$

$$= (N' \cdot T)T = -(T' \cdot N)T = -\kappa T$$

$$(\because T' \cdot N + T \cdot N' = (T \cdot N)' = 0 \Rightarrow N' \cdot T = -T' \cdot N = -\kappa)$$

▨

2.7 곡선의 대역적 성질

정의 2.28

정칙 평면 곡선 $\alpha : (a, b) \to R^2$가 1-1함수이고 주기가 l이면 α를 길이가 l인 **단순 폐곡선**(simple closed curve)이라 부른다.

정리 2.29

[Jordan 곡선 정리[1]]

평면상의 임의의 단순 폐곡선 β는 내부(interior)와 외부(exterior)를 갖는다, 즉 곡선상에 있지 않는 평면상의 점집합은 서로소(disjoint)인 β의 내부 $int(\beta)$와 β의 외부 $ext(\beta)$의 합(union)으로 표현된다.

예제 2.30

(1) 단위원 $\beta(s)=(\cos s, \sin s)$ 는 길이가 2π인 단순 폐곡선이다. 그리고, β의 내부와 외부는 각각 단위원 내부와 외부이다.

(2) 숫자-8 곡선은 단순 곡선이 아니다.

정리 2.31

$\beta(t)$가 주기가 l인 단순 평면 폐곡선이고, $\gamma(s)$가 호의 길이 s에 의한 β의 재매개화, 즉

$$\gamma(s)=\beta(t(s))$$

이면 γ도 주기가 $l=\int_0^l \| \frac{d\beta}{dt} \| dt$인 단순 평면 폐곡선이다.

증명

$$\begin{aligned} s(t+l) &= \int_0^{t+l} \| \dot{\beta} \| dt = \int_0^l \| \dot{\beta} \| dt + \int_l^{t+l} \| \dot{\beta} \| dt \\ &= l + \int_0^l \| \dot{\beta} \| dt = l + s(t) \end{aligned}$$ 이므로,

$$\gamma(s+l)=\gamma(s(t)+l)=\gamma(s(t+l))=\beta(t+l)=\beta(t)=\gamma(s(t))=\gamma(s)$$

즉, γ는 주기가 β의 길이l 과 같은 단순 폐곡선이다. ▨

정리 2.32

평면에서 Green의 정리를 이용하면, $\beta(t)=(x(t), y(t))$가 주기가 l인 양의 방향의 단순 평면 폐곡선일때, β의 **내부면적**

$$A(int(\beta))=\frac{1}{2}\int_0^l (x\frac{dy}{dt}-y\frac{dx}{dt})dt$$

이다.

증명 평면에서의 Green의 정리 :

$$\int_R\int(\frac{\partial Q}{\partial x}-\frac{\partial P}{\partial y})dxdy=\int_C Pdx+Qdy$$ 에

$Q=\frac{x}{2}$, $P=-\frac{y}{2}$를 대입하면 결과가 나온다. ▨

문제 2.33

타원 $\beta(t)=(a\cos t, b\sin t)$가 단순 평면 폐곡선임을 증명하고, 그 내부면적을 구하라.

풀이 $\beta(t')=\beta(t)\Leftrightarrow\cos t'=\cos t,\sin t'=\sin t\Leftrightarrow t'-t=k2\pi$

따라서, β는 주기가 2π인 단순 폐곡선이고,

$x=a\cos t, y=a\sin t$를 정리 2. 32에 대입하면,

$$타원의\ 내부면적=\frac{1}{2}\int_0^{2\pi} \mathrm{abdt} = \pi \mathrm{ab}\ .$$

정리 2.34

[등주부등식(Isoperimetric Inequality)[2]]

β가 단순 평면폐곡선이고, 길이가 l이며, A가 β의 내부면적일 때, $4\pi A \le l^2$이다. 그리고, 등호가 성립할 필요충분조건은 β가 원이다.

문제 2.35

타원 $\frac{x^2}{a^2}+\frac{y^2}{b^2}=1$에 등주 부등식을 적용하면,

$$2\pi\sqrt{ab} \le \int_0^{2\pi} \sqrt{a^2\sin^2 t + b^2\cos^2 t}\, dt$$

이며, 그리고 등호가 성립할 동치조건은 a=b 이다.

풀이 문제 2.33과 등주 부등식에 의해서, 타원의 길이 l은 부등식 $l \ge \sqrt{4\pi\pi ab} = 2\pi\sqrt{ab}$ 를 만족하고 등식이 성립할 필요 충분 조건은 a=b, 즉 타원이 원일 때이다.

정의 2.36

(1)단순 평면 폐곡선 α가 **볼록하다**(convex)라는 것은 α의 내부가 **볼록 집합**, 즉 α내부의 임의의 두점을 연결하는 직선이 α내부에 완전히 포함될 때이다.

(2) 평면상의 곡선 $\alpha(t)$의 **정점**(vertex)은 $\dfrac{d\kappa}{dt}=0$인 곡선 위의 점을 말한다.

예제 2.37

타원 $\alpha(t)=(a\cos t,\ b\sin t)$의 정점은 두 축의 4끝점이다.

풀이 타원 α의 곡률 $\kappa(t)=\dfrac{ab}{(a^2\sin^2 t+b^2\cos^2 t)^{3/2}}$ 이므로,

$$\frac{d\kappa}{dt}=\frac{3ab(b^2-a^2)\sin t\cos t}{a^2\sin^2 t+b^2\cos^2 t)^{5/2}}=0$$

$\Rightarrow \sin t=0$ or $\cos t=0$

$\Rightarrow\ t=0,\pi\ ,\ \pi/2,\dfrac{3\pi}{2}.$

▶ **참고 2. 38**

단순 평면 폐곡선 $\beta(s)$의 **회전수**(rotation index)

$I=\dfrac{1}{2\pi}\displaystyle\int_0^l \kappa(s)ds=\theta(l)-\theta(0)=\pm 1$ 이다.

정리 2.39

[4정점정리(Four Vertex Theorem)[3]]

평면상의 임의의 볼록 단순 폐곡선은 적어도 4개의 정점을 갖는다.

정리 2.40

[Fenchel의 정리[3]]

α가 길이가 l인 단위 속력 폐곡선이면, $\int_0^l \kappa ds \geq 2\pi$이다.

그리고 등호가 성립할 필요충분조건은 α가 **볼록 평면곡선**이다.

문제 2.41

(1) 타원은 볼록곡선이다(Hint : Fenchel의 정리를 이용하거나, 부등식 $2xy \leq x^2 + y^2$ 을 이용한다).

(2) 양의 방향의 평면 폐곡선 C의 전곡률(total curvature)

$$\int_C \kappa(s)ds = 2\pi I,$$

여기서 I는 C의 회전수.

풀이 (1) (x_1,y_1)과 (x_2,y_2)를 타원의 내부점이라고 하면,

$\frac{x_i^2}{a^2}+\frac{y_i^2}{b^2}<1$, i=1, 2 이다.

두 점을 연결하는 선분의 임의의 점은

$(tx_1+(1-t)x_2, ty_1+(1-t)y_2)$, $0 \le t \le 1$이고 이

점은 타원의 내부에 있으므로, 타원은 볼록 곡선

이다.

(2) $\frac{1}{2\pi}\int_C \kappa(s)ds = \frac{1}{2\pi}\int_0^l \frac{d\theta}{ds}ds = \frac{1}{2\pi}(\theta(l)-\theta(0)) = I \in Z$

.

연습문제

(2.1) **현수선**(catenary) $\alpha(t)=(t,\cosh t)$의 **호장 함수** s(t)를 구하라.

(s(t)=sinht)

(2.2) 단위 속력 평면곡선 $\beta(s)$와 단위 접선 vector $\mathbf{T}$가 수직이면, β는 원 임을 증명하라. (Hint : $\beta(s)=a\mathbf{N}(s)$)

(2.3) 다음 곡선들의 곡률 κ와 꼬임율 τ를 구하라.

(1) $\alpha(t)=(t,t^2,t^3)$, ($\kappa=\dfrac{2\sqrt{9t^4+9t^2+1}}{\sqrt{(9t^4+4t^2+1)^3}}$, $\tau=\dfrac{3}{9t^4+9t^2+1}$)

(2) $\alpha(t)=(t,\dfrac{1+t}{t},\dfrac{1-t^2}{t})$, ($\kappa=\dfrac{\sqrt{\dfrac{3t^6}{2}}}{\sqrt{(t^4+t^2+1)^3}}$, $\tau=0$)

($\because$ 주어진 곡선은 평면 $-x+y-z=1$에 있으므로)

(3) $\beta(x)=(x,f(x),g(x))$, ($\kappa=\dfrac{\sqrt{(f'g''-f''g')^2+(f'')^2+(g'')^2}}{[1+(f')^2+(g')^2]^{3/2}}$,

$$\tau = \frac{f''g''' - f'''g''}{(f'g'' - f''g')^2 + (f'')^2 + (g'')^2} \;)$$

(2.4) 주어진 곡선의 모든 접선이 고정된 점을 지나면, 그 곡선은 직선임을 증명하라. (Hint : $\beta(s) = \mathbf{a} + \lambda(s)\mathbf{T}(s)$)

(2.5) 주어진 곡선의 모든 접촉평면이 고정된 점을 지나면, 그곡선은 평면상에 있음을 증명하라. (Hint : $\beta(s) = \lambda\mathbf{T} + \mu\mathbf{N}$)

(2.6) 곡선 $\alpha(t) = (ae^t\cos t, ae^t\sin t, be^t)$의 **자연방정식**(natural equations)이

$\kappa(s) = \dfrac{\sqrt{2}a}{\sqrt{2a^2+b^2}}\dfrac{1}{s}$, $\tau(s) = \dfrac{b}{\sqrt{2a^2+b^2}}\dfrac{1}{s}$ 임을 증명하라.

(2.7) 곡선 $\alpha(t) = (4\cos t,\ 4\sin t,\ 3t)$에 대하여, 단위 접선 vector **T**, 곡률 κ, **곡률반경** R을 각각 구하라.

($\mathbf{T} = (\frac{-4}{5}\sin t, \frac{4}{5}\cos t, \frac{3}{5})$, $\kappa = \frac{4}{25}$, $R = \frac{1}{\kappa} = \frac{25}{4}$)

(2.8) 곡선 $\alpha(t)=(3t,3t^2,2t^3)$위의 임의의 점에서 단위 접선vector T와 평면 x + z = 0이 이루는 각을 구하라. ($\theta=\frac{\pi}{4}$)

(2.9) $\beta(s)$가 단위 접선 vector T(s)를 갖고, 곡률 $\kappa\neq 0$이고, 꼬임율이 τ이며, 고정된 단위 vector **u**에 대하여, T · **u**=상수이면, 상수 c가 존재하여 $\tau=c\kappa$임을 증명하라.

(2.10) 곡선 $\beta(s)$의 모든 주 법선이 고정된 점을 지나면, 그 곡선은 원임을 증명하라. (Hint : $\beta(s)+\lambda(s)\mathbf{N}(s)=\mathbf{p}$)

(2.11) 구면 $S^2(2)$: $x^2+y^2+z^2=2^2$과 원주면(cylinder)$(x-1)^2+y^2=1$과의 교선(intersection)인 곡선의 매개화 $\alpha(t)$를 구하라.
$(\alpha(t)=(1+\cos 2t, \sin 2t, 2\sin t))$

제3장 국소 곡면론

3.1 곡면의 매개화

정의 3.1

R^3의 부분집합 S가 **곡면(Surface)**이란, S위의 임의의 점 p에 대하여, R^2상의 개집합(open set) U와 R^3 상의 개집합 W가 존재하여, U와 $S \cap W$가 **위상동형**일 때,

즉, 위상 동형 사상(homeomophism)

$x : U \to S \cap W$

$x = x(u, v) = (x(u, v), y(u, v), z(u, v))$이 존재할 때이다.

이때, $x = x(u, v)$를 **곡면조각(surface patch)** 또는 곡면 S의 **매개화**(parametrization)라고 부른다.

예제 3.2

(1) R^3 위의 평면 : $x(u,v) = a + up + vq$, u, v는 실수,

$$x^{-1}(r) = ((r-a)\cdot p, (r-a)\cdot q)\ ,\quad r-a = up+vq.$$

(2) 반경이 r인 2차원 **구면**(2-sphere) $S^2(r)$의 매개화

$x(\theta,\phi) = (r\cos\theta\cos\phi, r\cos\theta\sin\phi, r\sin\theta)$,

θ는 위도(latitude), ϕ는 경도(longitude).

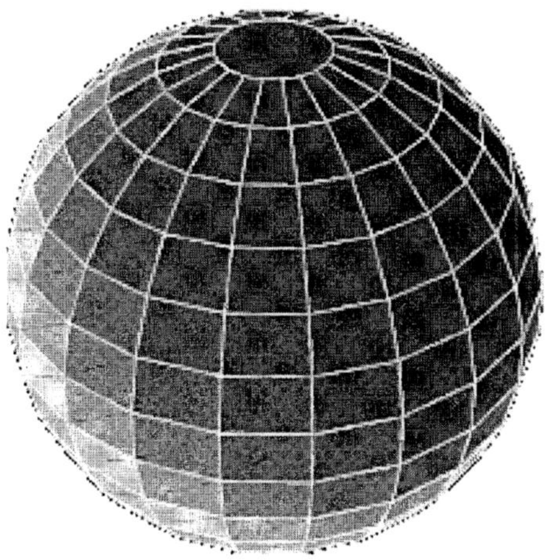

(3) xy－평면의 **개원반**(open disc) U는 곡면이다. U가 $\mathbf{R}^2$의 개원반이고 $S=\{(x,y,z)\in\mathbf{R}^3 \mid (x,y)\in U,\ z=0\}$, $W=\{(x,y,z)\in\mathbf{R}^3 \mid (x,y)\in U\}$라고 하면, W는 $\mathbf{R}^3$의 개부분집합(open subset)이고, $(x,y)\mapsto(x,y,0)$에 의해서, U와 $S\cap W$는 위상동형(homeomorphic)이다. 따라서, S는 곡면이다.

(4) **원주면**(circular cylinder)

$S=\{(x,y,z)\in\mathbf{R}^3 \mid x^2+y^2=1\}$의 곡면조각

(surface patch) $\mathbf{x} : U \rightarrow \mathbf{R}^3$,

$\mathbf{x}(u,v) = (\frac{u}{r}, \frac{v}{r}, \tan(r - \frac{\pi}{2}))$,

$U = \{(u, v) \in \mathbf{R}^2 \mid 0 < u^2 + v^2 < \pi^2\}$,

$r = \sqrt{u^2 + v^2}$.

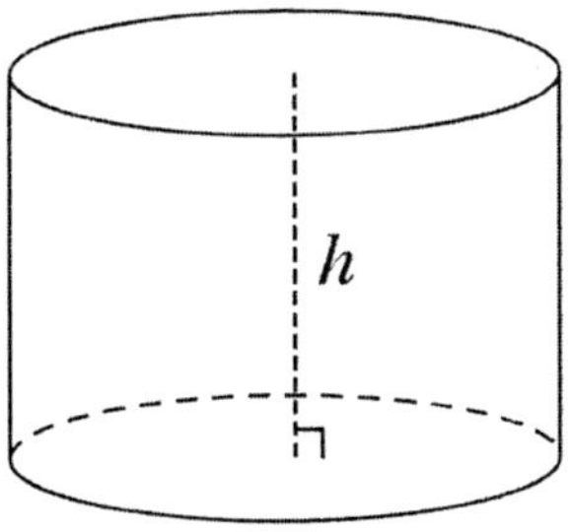

(5) **단위 구면** $S^2(1)$은 하나의 **곡면조각**(a single surface patch)으로 덮을 수(covered) 없다.

3.2 정칙 곡면(Regular Surfaces)

정의 3.3

곡면조각(surface patch) $\mathbf{x} : U \rightarrow \mathbf{R}^3$가 **정칙**(regualr)(또는 **원활한**(smooth))이란, U의 모든점 (u, v)에 대하여, $\mathbf{x}_u \times \mathbf{x}_v \neq 0$일때 이다.

▶ 참고 3. 4

곡면조각 x(u,v)가 정칙⇔$\mathbf{x}_u$와 $\mathbf{x}_v$가 일차독립(linearly independent) ⇔rank(J)=2, J는 **x**의 Jacobi 행렬, 즉,

$$J=\begin{pmatrix} \frac{\partial x}{\partial u} & \frac{\partial x}{\partial v} \\ \frac{\partial y}{\partial u} & \frac{\partial y}{\partial v} \\ \frac{\partial z}{\partial u} & \frac{\partial z}{\partial v} \end{pmatrix}.$$

정의 3.5

곡면(의 매개화) **x**의 곡면조각집합(atlas)이 **정칙곡면조각**들(regular surface patches)로 이루어져 있을때, 그 곡면을 **정칙 곡면**(regular surface)이라고 부른다.

정리 3.6

S(⊂$\mathbf{R}^3$)의 모든점 p에 대하여, p를 포함하는 $\mathbf{R}^3$의 개집합 W와, 미분 가능한 함수 f : W → **R**이 존재하여,

(1) $S\cap W=\{(x,y,z)\in W \mid f(x,y,z)=0\}$,

(2) p점에서 편도함수들 f_x, f_y, f_z중 적어도 하나가 0이 아니면, S는 정칙 곡면이다.

예제 3.7

단위구면 $S^2(1)$은 정칙 곡면이다.

$S^2(1)$의 매개화 : $\mathbf{x}(\theta,\phi)=(\cos\theta\cos\phi,\cos\theta\sin\phi,\sin\theta)$

$\mathbf{x}_\theta\times\mathbf{x}_\phi=(-\cos^2\theta\cos\phi,-\cos^2\theta\sin\phi,-\sin\theta\cos\theta)$이므로,

$\|\mathbf{x}_\theta\times\mathbf{x}_\phi\|=|\cos\theta|$. $(\theta,\phi)\in U=\{(\theta,\phi) : -\pi/2<\theta<\pi/2, 0<\phi<2\pi\}$

이면, $\cos\theta\neq 0$, 그러므로, $\mathbf{x}$는 정칙(regular)이다.

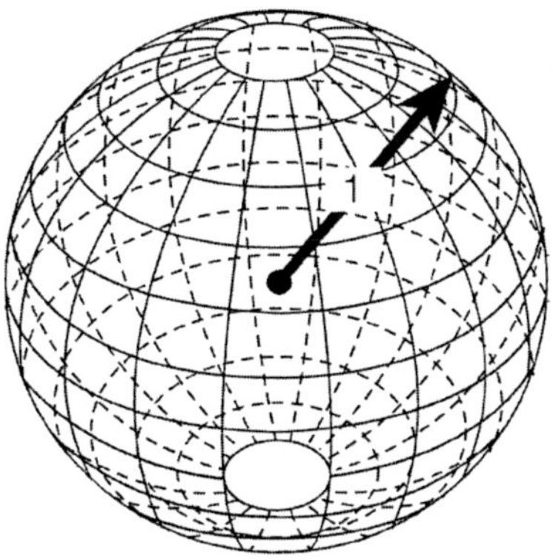

문제 3.8

2차원 **원환면**(2-torus) $T^2(=S^1\times S^1)$

$$\mathbf{x}(\theta,\phi)=((b+a\cos\theta)\cos\phi,(b+a\cos\theta)\sin\phi,a\sin\theta),$$

$0<a<b$는 정칙 곡면이다.

$$\mathbf{x}_\theta\times\mathbf{x}_\phi=-a(b+a\cos\theta)(\cos\theta\cos\phi,\cos\theta\sin\phi,1)\neq\mathbf{0}$$

$$(\because\ b+a\cos\theta\geq b-a>0)$$

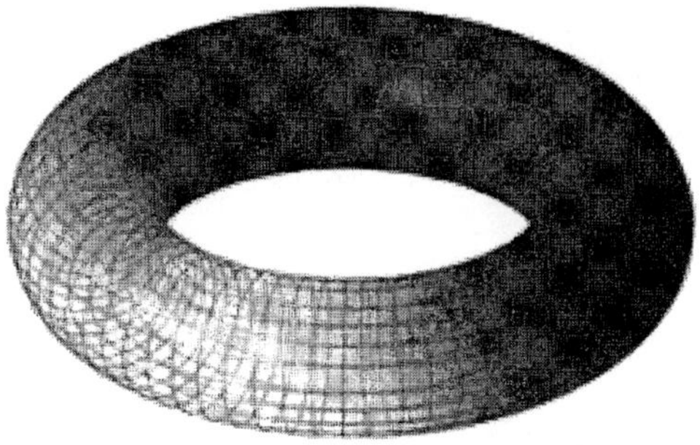

3.3 곡면의 접평면, 법vector(Surface Normal), 향(Orientation)

정의 3.9

(1) 곡면 S의 점p에서의 **접평면**(tangent plane) $T_p(S)=\{\mathbf{v}_p$: ∃ 곡선 $\alpha : I \rightarrow S \subset R^3$: $\alpha(0)=\mathbf{p}, \dot{\alpha}(0)=\mathbf{v}_p\}$로 정의한다.

(2) 정칙 곡면 S의 매개화 $\mathbf{x}=\mathbf{x}(u, v)$, $\mathbf{p} \in S$, 에 대하여

$U=\dfrac{\mathbf{x}_u \times \mathbf{x}_v}{\| \mathbf{x}_u \times \mathbf{x}_v \|}$를 p에서 곡면조각의 **단위 법**vector라고 한다.

(3) 곡면 S가 **향**을 갖는다(orientable) ⇔ ∃ 연속인 함수 $f : S \rightarrow S^2(1)$: $\forall \mathbf{p} \in S$, $f(\mathbf{p})$가 p에서 S에 대한 법vector 이다.

▶ **참고 3. 10**

$\mathbf{x} : U \to R^3$: 곡면 S의 조각(patch)일 때,

(1) $\{\mathbf{x}_u, \mathbf{x}_v\}$는 $T_p(S)$의 기저(basis)이다.

(2) $S^2(1)$은 향을 갖는다. ($\because f(p)=p$).

예제 3.11

(1) 곡면조각 $\mathbf{x}(u,v)=(u,v,u^2-v^2)$의 $p=\mathbf{x}(1,1)$에서 **접평면의 방정식**을 구하라.

(2) 곡면 S의 임의의 점에서 편도함수가 모두는 0이 아닌 **원활한 (smooth) 함수** f에 대하여, $f(x,y,z)=0$에 의하여 정의된 곡면 S를 생각할 때, **기울기(gradient) vector**, $\nabla f=(\frac{\partial f}{\partial x}, \frac{\partial f}{\partial y}, \frac{\partial f}{\partial z})$는 곡면 S의 모든점에서 접평면과 수직이고, S는 향도 갖는다(orientable).

풀이 (1) $p=\mathbf{x}(1,1)$에서, $\mathbf{x}_u=(1,0,2), \mathbf{x}_v=(0,1,-2)$이므로,

$\mathbf{x}_u \times \mathbf{x}_v=(-2,2,1)$이다 따라서 p에서의 접평면의 방정식 : $-2(x-1)+2(y-1)+(z-0)=0$,

즉 $-2x+2y+z=0$ 이다.

(2) $\alpha(t)=(x(t),y(t),z(t))$를 곡면 S위의 곡선 이라면,

$f(x(t),y(t),z(t))=0$을 미분하면,

$$\frac{\partial f}{\partial x}\dot{x}+\frac{\partial f}{\partial y}\dot{y}+\frac{\partial f}{\partial z}\dot{z}=0,\ \dot{x}=\frac{dx}{dt},\ \text{즉}\ \nabla f\cdot\dot{\alpha}=0.$$

따라서, ∇f는 S위 모든곡선의 접vector와 수직이다, 그러므로, S의 접평면과 수직이다. 그리고, S가각점에서, 단위 법vector $\dfrac{\nabla f}{\|\nabla f\|}$를 연속적으로 선택할 수 있으므로, 향을 갖는다.

예제 3.12

Monge 조각 $\mathbf{x}(u,v)=(u,v,uv)$에서,

$\mathbf{x}_u(1.1)=(1,0,1), \mathbf{x}_v(1,1)=(0,1,1)$,

$\mathbf{x}_u(1,1)\times\mathbf{x}_v(1,1)=(-1,-1,1)$이므로,

$U(1,1)=\dfrac{1}{\sqrt{3}}(-1,-1,1)$이다.

▶ **참고 3. 13 [여러가지 곡면의 예]**

(1) **일반적인 주면(generalized cylinder) :**

$$\mathbf{x}(u,v)=\alpha(u)+v\mathbf{a},$$

곡선 $\alpha : I \rightarrow \mathbf{R}^3$, $\mathbf{a}$: 평행이동 방향의 단위 vector.

특히, $\alpha(u)=(\cos u,\sin u,0)$, $0<u<2\pi$, $-\pi<v<\pi$가 xy-평면의 원(circle)일 때, $\mathbf{x}(u,v)=(\cos u,\sin u,v)$는 **원주면**의 매개화이다.

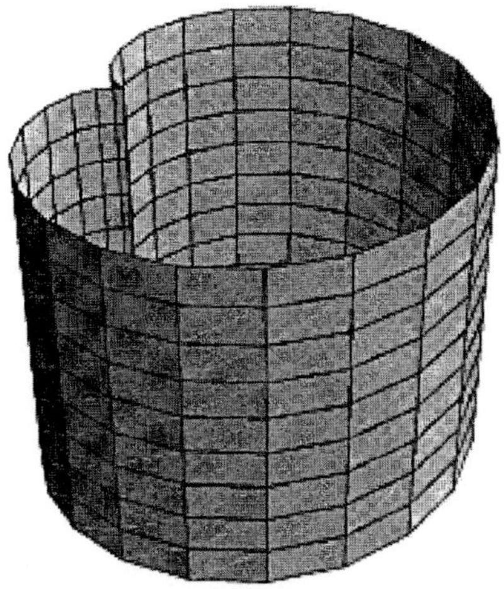

(2) **일반적인 추면**(generalized cone) :

$$\mathbf{x}(u,v) = (1-v)\mathbf{p} + v\alpha(u)$$

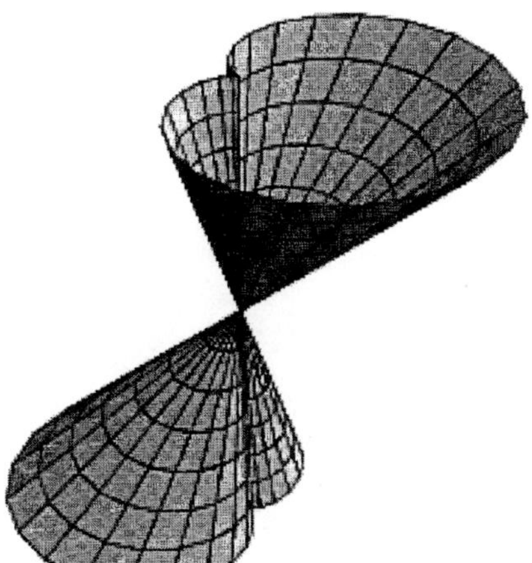

(3) **선직면**(ruled surface) :

$$\mathbf{x}(u,v)=\alpha(u)+va(u)\ ,\ \ a(u)$$

는 곡선 $\alpha(u)$를 지나는 직선 방향의 0이 아닌 vector.

(4) **일엽 쌍곡면**(A hyperboloid of one sheet)

$$S=\{(x,y,z)\in\mathbf{R}^3 \mid x^2+y^2-z^2=1\ \}$$

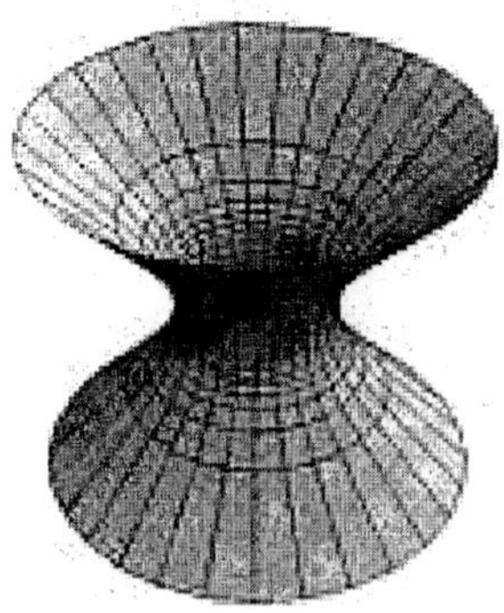

(5) 회전면(surface of revolution) :

$$\mathbf{x}(u,v) = (f(u)\cos v, f(u)\sin v, g(u))$$

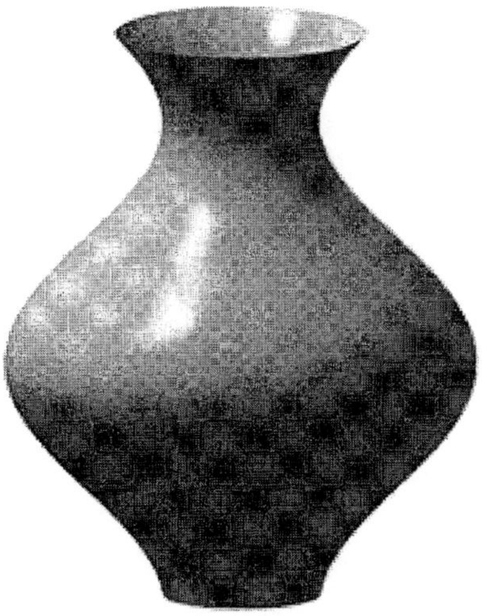

(6) 타원면(ellipsoid) :

$$\mathbf{x}(u,v) = (a\sin u\cos v, b\sin u\sin v, c\cos u)$$

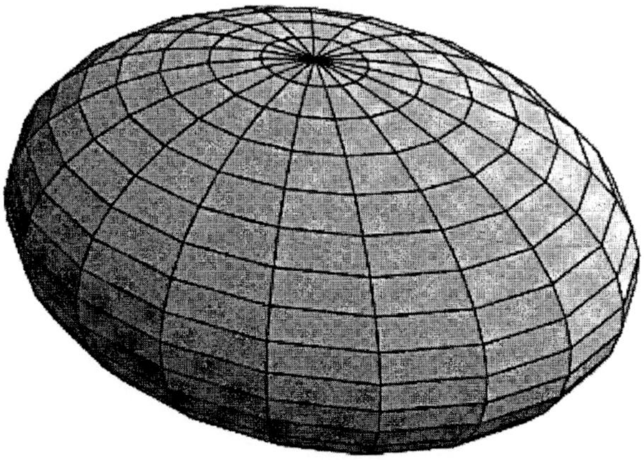

3.4 곡면의 제1기본 형식

정의 3.14

곡면조각 $\mathbf{x}(u,v)$의 **제1기본형식** I :

$I = Edu^2 + 2Fdudv + Gdv^2$,로 정의한다.

$$E=\mathbf{x}_u \cdot \mathbf{x}_u ,\ F=\mathbf{x}_u \cdot \mathbf{x}_v ,\ G=\mathbf{x}_v \cdot \mathbf{x}_v .$$

$$(I = ds^2 = d\mathbf{x} \cdot d\mathbf{x} = Edu^2 + 2Fdudv + Gdv^2)$$

예제 3.15

(1) 평면 : $\mathbf{x}(u,v) = \mathbf{a} + u\mathbf{b} + v\mathbf{c}$, $\mathbf{b}$와 $\mathbf{c}$는 서로 수직인 단위 vector ,

$E=1$, $F=0$, $G=1$이므로 , 평면의 제1기본형식 $I = du^2 + dv^2$이다.

(2) 반경이 r인 구면 ,

$S^2(r)$: $\mathbf{x}(\theta,\phi) = (r\sin\theta\cos\phi, r\sin\theta\sin\phi, r\cos\theta)$,

$E=\mathbf{x}_\theta \cdot \mathbf{x}_\theta = r^2$, $F=\mathbf{x}_\theta \cdot \mathbf{x}_\phi = 0$, $G=\mathbf{x}_\phi \cdot \mathbf{x}_\phi =$

$r^2\sin^2\theta$ 이므로 , $S^2(r)$의 제1기본형식

$I = r^2 d\theta^2 + r^2\sin^2\theta d\phi^2$이다.

정리 3.16

(1) $\alpha(t)=\mathbf{x}(u(t),v(t))$가 곡면조각(surface patch) $\mathbf{x}$의 곡선일때, t=a에서 t=b까지의 **곡선의 길이**

$$s : s=\int_a^b \sqrt{E\dot{u}^2+2F\dot{u}\dot{v}+G\dot{v}^2}\,dt.$$

(2) 곡면조각 $\mathbf{x} : U \to S\subset \mathbf{R}^3$의 영역 $R \subset U$에 대응되는 부분 $\mathbf{x}(R)$의 **면적** $A(R)$:

$$A(R)=\int\!\!\int_R \|\mathbf{x}_u\times\mathbf{x}_v\|\,dudv$$
$$=\int\!\!\int_R \sqrt{EG-F^2}\,dudv.$$

(3) 곡면 S위의 두 곡선 α와 β가 S의 곡면조각 $\mathbf{x}$의 점p에서 만날 때(intersect), 미분 가능한 함수, u, v, $\bar{u}$,$\bar{v}$와 매개 변수(parameter), t_0에 대하여, $\alpha(t)=\mathbf{x}(u(t),v(t))$, $\beta(t)=\mathbf{x}(\bar{u}(t),\bar{v}(t))$, $\mathbf{x}(u(t_0),v(t_0))=\mathbf{x}(\bar{u}(t_0),\bar{v}(t_0))=\mathbf{p}$,

p에서 α와 β의 **사이각(angle)**을 θ라고 하면,

$$\cos\theta=\frac{\dot{\alpha}\cdot\dot{\beta}}{\|\dot{\alpha}\|\,\|\dot{\beta}\|}=\frac{E\dot{u}\dot{\bar{u}}+F(\dot{u}\dot{\bar{v}}+\dot{\bar{u}}\dot{v})+G\dot{v}\dot{\bar{v}}}{\sqrt{E\dot{u}^2+2F\dot{u}\dot{v}+G\dot{v}^2}\,\sqrt{E\dot{\bar{u}}^2+2F\dot{\bar{u}}\dot{\bar{v}}+G\dot{\bar{v}}^2}}.$$

증명 (1) 연쇄법칙(chain rule)에 의해,

$\dot{\alpha} = \mathbf{x}_u \dot{u} + \mathbf{x}_v \dot{v}$, $\| \dot{\alpha} \|^2 = E\dot{u}^2 + 2F\dot{u}\dot{v} + G\dot{v}^2$,

$s = \int_a^b \| \dot{\alpha} \| dt = \int_a^b \sqrt{E\dot{u}^2 + 2F\dot{u}\dot{v} + G\dot{v}^2}\, dt$.

(2) Lagrange 항등식 : a,b,c,d 가 R^3의 vector,

$\Rightarrow (a \times b) \cdot (c \times d) = (a \cdot c)(b \cdot d) - (a \cdot d)(b \cdot c)$,

을 이용하면,

$\| \mathbf{x}_u \times \mathbf{x}_v \|^2 = (\mathbf{x}_u \times \mathbf{x}_v) \cdot (\mathbf{x}_u \times \mathbf{x}_v)$

$= (\mathbf{x}_u \cdot \mathbf{x}_u)(\mathbf{x}_v \cdot \mathbf{x}_v) - (\mathbf{x}_u \cdot \mathbf{x}_v)^2$

$= EG - F^2$.

(3) 연쇄법칙에 의해, $\dot{\alpha} = \mathbf{x}_u \dot{u} + \mathbf{x}_v \dot{v}$, $\dot{\beta} = \mathbf{x}_{\bar{u}} \dot{\bar{u}} + \mathbf{x}_{\bar{v}} \dot{\bar{v}}$,

$\dot{\alpha} \cdot \dot{\beta} = E\dot{u}\dot{\bar{u}} + F(\dot{u}\dot{\bar{v}} + \dot{\bar{u}}\dot{v}) + G\dot{v}\dot{\bar{v}}$,

$\| \dot{\alpha} \|^2 = \dot{\alpha} \cdot \dot{\alpha}$, $\| \dot{\beta} \|^2 = \dot{\beta} \cdot \dot{\beta} \Rightarrow$

$$\cos\theta = \frac{\dot{\alpha} \cdot \dot{\beta}}{\| \dot{\alpha} \| \, \| \dot{\beta} \|}$$

$$= \frac{E\dot{u}\dot{\bar{u}} + F(\dot{u}\dot{\bar{v}} + \dot{\bar{u}}\dot{v}) + G\dot{v}\dot{\bar{v}}}{\sqrt{E\dot{u}^2 + 2F\dot{u}\dot{v} + G\dot{v}^2}\sqrt{E\dot{\bar{u}}^2 + 2F\dot{\bar{u}}\dot{\bar{v}} + G\dot{\bar{v}}^2}} .$$ ▨

예제 3.17

(1) **추면**(cone) $\mathbf{x}(u,v)=(u\cos v, u\sin v, u)$위의 곡선 $\alpha(t)=\mathbf{x}(e^{\lambda t},t)$, 즉

$u=e^{\lambda t}$, $v=t$, 일 때, $0 \le t \le \pi$에서의 길이 s를 구하라.

(2) **포물면**(paraboloid) : $z=x^2+y^2$의 $z \le 1$ 부분의 면적을 구하라.

(3) 곡면 조각 $\mathbf{x}(u,v)$의 **매개변수 곡선**(parametric curves)

$\alpha(t)=\mathbf{x}(a,t), \beta(t)=\mathbf{x}(t,b)$, a와 b는 상수,

즉, $u(t)=a, v(t)=t, \bar{u}(t)=t, \bar{v}(t)=b$ 의 사이 각을 구하라.

특히, 매개변수 곡선들이 **수직**(orthogonal)⇔ F=0

풀이 (1) $I=2du^2+u^2dv^2$ 이므로,

$$s = \int_0^{\pi} \sqrt{(2\dot{u}^2+u^2\dot{v}^2)}\,dt$$

$$= \int_0^{\pi} \sqrt{(2\lambda^2 e^{2\lambda t}+e^{2\lambda t}}\,dt$$

$$= \frac{(2\lambda^2+1)^{1/2}}{\lambda}(e^{\lambda t}-1)\ .$$

(2) **포물면**의 매개화 : $\mathbf{x}(u,v)=(u,v,u^2+v^2)$,

$I = (1+4u^2)du^2+8uvdudv+(1+4v^2)dv^2$이므로,

면적 $A = \int_{u^2+v^2<1}\int \sqrt{1+4(u^2+v^2)}\,dvdv$

$$= \int_0^{2\pi}\int_0^1 \sqrt{1+4r^2}\,rdrd\theta\ ,$$

$$(u = r\cos\theta, v = r\sin\theta\ )$$

$$= \frac{\pi}{6}(5^{3/2}-1)\ .$$

(3) $\dot{u}=0, \dot{v}=1, \dot{\bar{u}}=1, \dot{\bar{v}}=0$, 이므로, $\dot{\alpha}=\mathbf{x}_v, \dot{\beta}=\mathbf{x}_u$

$$\cos\theta = \frac{F}{\sqrt{EG}}$$

특히, 매개변수 곡선들이 수직⇔ F=0.

▶ 참고 3. 18

z−축과 만나지 않는 xz−평면상의 단위속력 곡선 α를 z−축에 관하여 회전하여 얻은 곡면 S의 매개화 :

$$\mathbf{x}(u,v) = (f(u)\cos v, f(u)\sin v, g(u)), \alpha(u) = (f(u), 0, g(u))$$

$\|\dot{\alpha}\| = 1$, f(u)는 z−축과 곡선 $\alpha(u)$ 사이의 거리에 대하여, S의 면적 A를 구하라. 그리고 이를 이용하여, 단위 구면(unit sphere)과 원환면(torus)의 면적도 구하라.

풀이 곡면의 $I=du^2+f(u)^2dv^2$, E=1 , F=0 , $G=f(u)^2$, 면적

$$A=\int\int f(u)dudv\ =2\pi\int f(u)du.$$

단위구면의 경우, $f(u)=\cos u, g(u)=\sin u$,

$-\pi/2 \le \mathrm{u} \le \pi/2$, 면적 $= 2\pi \int_{-\pi/2}^{\pi/2} \cos u du = 4\pi$ 이고

,

원환면의 경우 , **측면곡선**(profile curve)

$\beta(\theta)$ = (b+acosθ , 0 , asinθ)은 단위 속력곡선이 아니므로 , **재매개화**(reparametrization)를 통하여 단위 속력 곡선 $\alpha(\mathrm{u}) = (\mathrm{b} + a\cos\frac{u}{a}, 0, a\sin\frac{u}{a})$,

$0 \le \mathrm{u} \le 2\pi\mathrm{a}$, 면적$=2\pi \int_0^{2\pi\mathrm{a}} (\mathrm{b} + a\cos\frac{u}{a}) du = 4\pi^2 ab$.

3.5 곡면의 제2기본형식

정의 3.19

곡면조각 x의 제2 기본형식 II : II = $\mathrm{L}du^2 + 2\mathrm{M}dudv + \mathrm{N}dv^2$ 로 정의한다.

$$\mathrm{L} = -\mathbf{x}_u \cdot \mathbf{U}_u , \quad 2\mathrm{M} = \{-\mathbf{x}_u \cdot \mathbf{U}_v + -\mathbf{x}_v \cdot \mathbf{U}_u \},$$

$$\mathrm{N} = -\mathbf{x}_v \cdot \mathbf{U}_v .$$

$$(\mathrm{II} = -d\mathbf{x} \cdot d\mathbf{U} = \mathrm{L}du^2 + 2\mathrm{M}dudv + \mathrm{N}dv^2)$$

▶ **참고 3. 20**

(1) 곡면 S의 단위 법vector $\mathbf{U}=\dfrac{\mathbf{x}_u \times \mathbf{x}_v}{\sqrt{EG-F^2}}$.

(2) $L=\mathbf{x}_{uu}\cdot\mathbf{U}$, $M=\mathbf{x}_{uv}\cdot\mathbf{U}$, $N=\mathbf{x}_{vv}\cdot\mathbf{U}$.

예제 3.21

(1) 평면 $\mathbf{x}(u,v)=\mathbf{a}+u\mathbf{b}+v\mathbf{c}$의 제2 기본형식 II를 구하라.

(2) 회전면 S의 곡면조각 $\mathbf{x}$: $\mathbf{x}(u,v)=(f(u)\cos v, f(u)\sin v, g(u))$의 제2기본형식 II를 구하라.

풀이 (1) $\mathbf{x}_u=\mathbf{b}$ =상수 vector , $\mathbf{x}_v=\mathbf{c}$ =상수 vector이므로 , $\mathbf{x}_{uu}=\mathbf{x}_{uv}=\mathbf{x}_{vv}=0$ 이다. 따라서 II=0.

(2) 모든 u에 대하여 $f(u)>0$, **측면곡선**(profile curve) $\alpha(u)=(f(u),0,g(u))$가 단위속력 곡선이라고 가정하면,

$$\mathbf{x}_u=(\dot{f}\cos v, \dot{f}\sin v, \dot{g}) \ , \ \mathbf{x}_v=(-f\sin v, f\cos v, 0) \ ,$$

$$E=1 \ , \ F=0 \ , \ G=f^2 \ ,$$

$$\mathbf{x}_u\times\mathbf{x}_v=(-f\dot{g}\cos v, -f\dot{g}\sin v, f\dot{f}) \ ,$$

$$\mathbf{U}=(-\dot{g}\cos v, -\dot{g}\sin v, \dot{f}) \ ,$$

$$\mathbf{x}_{uu}=(\frac{d^2f}{du^2}\cos v, \frac{d^2f}{du^2}\sin v, \frac{d^2g}{du^2}) \ ,$$

$$\mathbf{x}_{uv} = (-\dot{f}\sin v, \dot{f}\cos v, 0),$$

$$\mathbf{x}_{vv} = (-f\cos v, -f\sin v, 0),$$

$$L = \mathbf{x}_{uu} \cdot \mathbf{U} = \dot{f}\frac{d^2 g}{du^2} - \frac{d^2 f}{du^2}\dot{g},$$

$$M = \mathbf{x}_{uv} \cdot \mathbf{U} = 0, \quad N = \mathbf{x}_{vv} \cdot \mathbf{U} = f\dot{g},$$

그러므로, $II = (\dot{f}\frac{d^2 g}{du^2} - \frac{d^2 f}{du^2}\dot{g})du^2 + f\dot{g}dv^2$.

문제 3.22

(1) 단위 구면 : $\mathbf{x}(\theta, \phi) = (\sin\theta\cos\phi, \sin\theta\sin\phi, \cos\theta)$

$-\pi < \phi < \pi, -\pi/2 < \theta < -\pi/2$,의 $II = -d\theta^2 - \sin^2\theta d\phi^2$

임을 증명하라.

(2) **원주면** : $\mathbf{x}(u,v) = (\cos v, \sin v, u)$의 $II = dv^2$임을 증명하라.

(3) **타원적 포물면**(elliptic paraboloid) : $\mathbf{x}(u,v) = (u, v, u^2 + v^2)$의 II를 구하라.

(4) 곡면조각 $\mathbf{x}$의 II=0이면, $\mathbf{x}$는 평면의 일부임을 증명하라.

(5) 곡면조각의 II는 조각에 **강체 운동**(rigid motion)(= 평행이동과 회전이동의 합성)을 적용 하여도 불변이다.

3.6 곡면상의 곡선의 곡률

정의 3.23

$\alpha(t)=x(u(t),v(t))$가 곡면조각 x의 단위 속력곡선 이면, $\dot{\alpha}=T$, $\dot{\alpha}\cdot U=0$, $\dot{\alpha}, U, V=U\times\dot{\alpha}$는 서로 수직인 vector, $\frac{d^2\alpha}{dt^2}$은 $\dot{\alpha}$와 수직이고, $\|\dot{\alpha}\|=1$이므로, 곡률 vector $\mathbf{k}=\frac{d^2\alpha}{dt^2}=(\frac{d^2\alpha}{dt^2}\cdot U)U+(\frac{d^2\alpha}{dt^2}\cdot V)V=\kappa_n U+\kappa_g V$이다.

이때, κ_n과 κ_g를 각각, 곡선 α의 **법곡률**(normal curvature)과 **측지곡률**(geodesic curvature)이라고 정의한다.

▶ **참고 3. 24**

(1) $\kappa^2=\|\frac{d^2\alpha}{dt^2}\|^2=\kappa_n^2+\kappa_g^2$.

(2) N이 α의 **단위 주법선** vector이면, $\frac{d^2\alpha}{dt^2}=\kappa N$, $\kappa_n=\kappa N\cdot U=\kappa\cos\psi$,

여기서 ψ는 N과 U와의 사이각. (1)에 의해서, $\kappa_g=\pm\kappa\sin\psi$.

(3) α가 곡면 S의 **법단면**(normal section)(=곡선 α의 모든점에서 곡면의 접평면과 수직인 평면 Π와 곡면 S와의 공통부분(intersection))이면, $\kappa_n=\pm\kappa$, $\kappa_g=0$. ($\because$ $\psi=0$ or π)

예제 3.25

(1) 반경이 r인 구면상의 임의의 곡선의 법곡률 $\kappa_n = \pm\frac{1}{r}$이다.

(2) 회전면상의 단위속력곡선 $\alpha(u)=(f(u),0,g(u))$이 주어졌을때,

(a) **자오선**(meridian) v=상수의 측지곡률 κ_g=?,

(b) **위선**(parallel) u=상수 의 측지곡률 κ_g=?.

(3) **타원적 포물면** $\mathbf{x}(u,v)=(u,v,u^2+v^2)$상의 원 $\alpha(t)=(\cos t,\sin t,1)$의 법곡률 κ_n을 구하라.

(4) 곡면상의 곡선 α가 κ_n=0, κ_g=0이면, α는 직선의 일부임을 증명하라.

(5) 곡선 α의 **법곡률**이 모든점에서 0이면, 곡면상의 곡선 α를 **점근선** (asymptotic curve)이라고 정의한다.

(a) 곡면상의 임의의 직선은 점근선임을 증명하라.

(b) 양의 곡률을 갖는 곡선 α가 점근선일 필요충분조건은, 곡선의 모든점에서, B와 U가 평행임을 증명하라.

풀이 (1) 예제 3.15 (2)에 의해서, $I=r^2d\theta^2+r^2\sin^2\theta d\phi^2$이고,

$II=-(rd\theta^2+r\sin^2\theta d\phi^2)$

($\because$ $L=-r$, $M=0$, $N=-r\sin^2\theta$)이므로,

$\kappa_n=-\frac{1}{r}$.

(2) **회전면** : $\mathbf{x}(u,v)=(f(u)\cos v, f(u)\sin v, g(u))$에서,

단위 법vector $U=(-\dot{g}\cos v, -\dot{g}\sin v, \dot{f})$이다.

(a) v=상수이므로, u를 매개변수로 사용하면,

$\mathbf{x}_u=(\dot{f}\cos v, \dot{f}\sin v, \dot{g})$이 단위 vector이므로,

$\kappa_g=\mathbf{x}_{uu}\cdot(U\times\mathbf{x}_u)=0$.

(b) u=상수이므로, v를 매개변수로 사용하면,

$\mathbf{x}_v=(-f\sin v, f\cos v, 0)$는 단위 vector가 아니므로, 호의길이 $s=vf(u)$로 주어지면

$(\because \frac{ds}{dv}=\|\mathbf{x}_v\|=f(u))$

$$\kappa_g=\frac{1}{f(u)^2}\mathbf{x}_{vv}\cdot(U\times\frac{1}{f(u)}\mathbf{x}_v)=\frac{\dot{f}}{f} .$$

(3) $\mathrm{II}=\frac{2(du^2+dv^2)}{\sqrt{1+4u^2+4v^2}}$이므로,

$$\kappa_n=\frac{d^2\alpha}{dt^2}\cdot U=\frac{2(\cos^2t+\sin^2t)}{\sqrt{1+4\cos^2t+4\sin^2t}}=\frac{2}{\sqrt{5}}$$

(4) $\kappa^2=\kappa_n^2+\kappa_g^2=0$이므로, $\kappa=0$,

따라서, α는 직선의 일부이다.

(5) (a) 직선 $\alpha(t)=\mathbf{a}+t\mathbf{b}$, $\|\mathbf{b}\|=1$은 단위 속력 곡선이므로, $\frac{d^2\alpha}{dt^2}=\mathbf{0}$, 그러므로, $\kappa_n=\frac{d^2\alpha}{dt^2}\cdot U=0$.

(b) $\kappa_n=0 \Leftrightarrow \frac{d^2\alpha}{dt^2}$는 U와 수직

$\Leftrightarrow$ U와 N이 수직

$\Leftrightarrow$ U와 B가 평행 .

정리 3.26

(1) 곡면조각 $\mathbf{x}$ 위의 단위속력 곡선 $\alpha(t)=\mathbf{x}(u(t),v(t))$에 대하여,

$$\kappa_n = L\dot{u}^2 + 2M\dot{u}\dot{v} + N\dot{v}^2 .$$

(2) [Meusnier 정리]

$p \in S$, $\mathbf{v}_p \in T_p(S)$, $\| \mathbf{v}_p \| = 1$, Π_θ : p에서 곡면 S의 접평면과 이루는 각이 θ이고 $\mathbf{v}_p$와 평행한 p를 지나는 직선을 포함하는 평면, Π_θ와 S의 공통부분인 곡선의 곡률을 κ_θ라고 하면, $\kappa_\theta \sin\theta$는 θ와 독립적이다(independent).

증명 (1) $\kappa_n = \mathbf{U} \cdot \dfrac{d^2\alpha}{dt^2} = \mathbf{U} \cdot \dfrac{d}{dt}(\dot{\alpha})$

$$= \mathbf{U} \cdot \frac{d}{dt}(\mathbf{x}_u\dot{u} + \mathbf{x}_v\dot{v})$$

$$= \mathbf{U} \cdot (\mathbf{x}_{uu}\dot{u}^2 + + \mathbf{x}_{uv}\dot{u}\dot{v} + \mathbf{x}_u\frac{d^2u}{dt^2} +)$$

$$\boldsymbol{x}_{uv}\dot{u}\dot{v} + \boldsymbol{x}_{vv}\dot{v}^2 + + \boldsymbol{x}_v\dot{v}^2$$

$$= L\dot{u}^2 + 2M\dot{u}\dot{v} + N\dot{v}^2 .$$

(2) α_θ를 곡면 S와 평면Π_θ의 공통부분 (intersection)으로서, 단위속력 곡선 이라고 가정하면, p 에서, $\dot{\alpha}=\pm\mathbf{v}_p$, $\frac{d^2\alpha_\theta}{dt^2}$이 $\mathbf{v}_p$와 수직이고 Π_θ와 평행이다.

따라서, $\psi=\frac{\pi}{2}-\theta$, $\kappa_\theta \sin\theta=\kappa_n$,

그러나, κ_n은 p와 $\mathbf{v}_p$에 의존하지만 (dependent), θ에는 의존하지 않는다 (independent). ▨

정의 3.27

(1) 곡면조각의 **주곡률**(principal curvatures)은 법곡률 κ에 관한 2차 방정식 : $(EG - F^2)\kappa^2 - 2(EN-2FM+GL)\kappa + (LN - M^2)=0$ 의 두 근, κ_1, κ_2 으로 정의한다.

(2) $A=\begin{pmatrix} E & F \\ F & G \end{pmatrix}$, κ는 주곡률, $B=\begin{pmatrix} L & M \\ M & N \end{pmatrix}$, $\mathbf{y}=\begin{pmatrix} x \\ y \end{pmatrix}$, $(B-\kappa A)\mathbf{y}=0$이면, 곡면 $\mathbf{x}(u, v)$에 대응되는 접 vector $\mathbf{t}=x\mathbf{x}_u+y\mathbf{x}_v$를 주곡률 κ에 대응하는 **주vector**(principal vector)라고 정의한다.

▶ **참고 3. 28**

(1) κ가 곡면조각 **x**의 **p**에서 주곡률 $\Leftrightarrow$ $\mathrm{Det}(B-\kappa A)=0$ $\Leftrightarrow$ κ가 $A^{-1}B$의 **고유값**(eigenvalues)

$$(\because\ \mathrm{Det}(B-\kappa A)=0 \Leftrightarrow \mathrm{Det}\{A(A^{-1}B-\kappa)\}=0$$
$$\Leftrightarrow \mathrm{Det}(A)\mathrm{Det}(A^{-1}B-\kappa)=0$$
$$\Leftrightarrow \mathrm{Det}(A^{-1}B-\kappa)=0\ )$$

(2) κ_1, κ_2가 곡면조각 **x**의 **p**에서 주곡률이면,

(a) κ_1과 κ_2는 실수(real numbers);

(b) $\kappa_1=\kappa_2=\kappa$이면, $B=\kappa A$이고, **p**에서 **x**의 모든 접vector는 주vector 이다; 이때 **p**를 **배꼽점**(umbilical point)이라고 부른다.

(c) $\kappa_1 \neq \kappa_2$ 이면, κ_1과 κ_2에 대응되는 임의의 영이 아닌 주vector, $\mathbf{t}_1$과 $\mathbf{t}_2$는 서로 수직이다.

예제 3.29

(1) 단위구면에서 주곡률 $\kappa_1=\kappa_2=\kappa=1$이고, 주vector는 임의의 접vector임을 증명하라.

(2) 반경이 1인 **원주면**(circular cylinder) :

$\mathbf{x}(u,v)=(\cos v, \sin v, u)$에서 주곡률 κ_1과 κ_2를 구하고 그에 대응되는 주vector $\mathbf{t}_1$과 $\mathbf{t}_2$도 구하라.

풀이 (1) E=1, F=0, G=$\sin^2\theta$, L=1, M=0, N=$\sin^2\theta$이므로, 주곡률 κ는 $(1-\kappa)(\sin^2\theta(1-\kappa))=0$의 근이므로, $\kappa=\kappa_1=\kappa_2=1$, 그리고 주vector는 임의의 접vector 이다.

(2) E=1, F=0, G=1, L=0, M=0, N=1, 이므로 (1)에서와 같이, **주곡률의 방정식** : $(0-\kappa)(1-\kappa)=0$, 즉 $\kappa_1=1, \kappa_2=0$ 이다,

$\mathbf{y}=\begin{pmatrix}x\\y\end{pmatrix}$, $\begin{pmatrix}L-\kappa E & M-\kappa F\\M-\kappa F & N-\kappa G\end{pmatrix}\begin{pmatrix}x\\y\end{pmatrix}=\mathbf{0}$,

$\kappa_1=1$, $\begin{pmatrix}-1 & 0\\0 & 0\end{pmatrix}\begin{pmatrix}x\\y\end{pmatrix}=\mathbf{0}$, $x=0$

$\mathbf{y}=\begin{pmatrix}x\\y\end{pmatrix}=\lambda\begin{pmatrix}0\\1\end{pmatrix}$, $\mathbf{t}_1=\lambda(0\mathbf{x}_u+1\mathbf{x}_v)=\lambda(-\sin v, \cos v, 0)$.

$\kappa_2=0$, $\mathbf{t}_2=\mu(1\mathbf{x}_u+0\mathbf{x}_v)=\mu(0, 0, 1)$.

따름정리 3. 30

[Euler의 정리]

α가 곡면조각 $\mathbf{x}$위의 곡선이고, κ_1과 κ_2가 $\mathbf{x}$의 **주곡률**이며, $\mathbf{t}_1$과 $\mathbf{t}_2$가 그에 대응되는 영이 아닌 주vector이면, $\mathbf{x}$의 **법곡률** $\kappa_n=\kappa_1\cos^2\theta+\kappa_2\sin^2\theta$이다. 여기서, θ는 $\dot{\alpha}$과 $\mathbf{t}_1$과의 사이각.

증명 α가 단위속력 곡선이고, $\mathbf{t}$가 α의 접vector이며, $\mathbf{t}=x\,\mathbf{x}_u+y\,\mathbf{x}_v$, $\mathbf{y}=\begin{pmatrix}x\\y\end{pmatrix}$라고 가정하고,

(1) $\kappa_1=\kappa_2=\kappa$이면, 참고 3.28. (2)의 (b)에 의해서,

$$\kappa_n = \mathbf{y}^t B\mathbf{y} = \kappa\ \mathbf{y}^t A\mathbf{y} = \kappa\ \mathbf{t}\cdot\mathbf{t} = \kappa.$$

$$\kappa_1\cos^2\theta + \kappa_2\sin^2\theta = \kappa(\cos^2\theta+\sin^2\theta)$$

$$= \kappa = \kappa_n .$$

(2) $\kappa_1\neq\kappa_2$이면, 참고 3.28. (2)의 (c)에 의해서, $\mathbf{t}_1$과 $\mathbf{t}_2$가 수직이다. $\mathbf{t}_1$과 $\mathbf{t}_2$가 단위 vector라고 가정하고,

$$\mathbf{t}_j = x_j\mathbf{x}_u + y_j\mathbf{x}_v,\ \ \mathbf{y}_j=\begin{pmatrix}x_j\\ y_j\end{pmatrix},\ j=1,\ 2.$$

라고 하면,

$$\dot{\alpha} = \cos\theta\ \mathbf{t}_1 + \sin\theta\ \mathbf{t}_2$$

$$= \cos\theta\ (x_1\mathbf{x}_u+y_1\mathbf{x}_v) + \sin\theta\ (x_2\mathbf{x}_u+y_2\mathbf{x}_v)$$

$$= x\ \mathbf{x}_u + y\ \mathbf{x}_v,\ x_1\cos\theta + x_2\sin\theta$$

$$= x,\ y_1\cos\theta + y_2\cos\theta = y.$$

따라서,

$$\begin{pmatrix}x\\ y\end{pmatrix}=\cos\theta\begin{pmatrix}x_1\\ y_1\end{pmatrix} + \sin\theta\begin{pmatrix}x_2\\ y_2\end{pmatrix},\ \ \mathbf{y}=\begin{pmatrix}x\\ y\end{pmatrix}= \cos\theta\ \mathbf{y}_1 + \sin\theta\ \mathbf{y}_2 .$$

$$\kappa_n=\mathbf{y}^t B\mathbf{y}$$

$$=(\cos\theta\mathbf{y}_1^t+\sin\theta\ \mathbf{y}_2^t)B(\cos\theta\ \mathbf{y}_1+\sin\theta\ \mathbf{y}_2)$$

$$=\cos^2\theta\mathbf{y}_1^t B\mathbf{y}_1+\cos\theta\sin\theta(\mathbf{y}_1^t B\mathbf{y}_2+\mathbf{y}_2^t B\mathbf{y}_1)$$

$$+\sin^2\theta\mathbf{y}_2^t B\mathbf{y}_2$$

$$=\kappa_1\cos^2\theta \ +\kappa_2\sin^2\theta.$$

$$(\because\ \mathbf{y}_j^t B\mathbf{y}_k \ =\kappa_j\,\mathbf{y}_j^t A\mathbf{y}_k=\begin{cases}\kappa_j(j=k)\\ 0(j\neq k)\end{cases})$$ ▨

따름정리 3. 31

> 곡면의 한점에서의 **주곡률**들은 그 점을 지나는 곡면상의 모든 곡선의 법곡률의 최대값과 최소값이고, **주vector**들은 이 최대값과 최소값을 갖는 곡선들의 접vector(tangent vectors)들이다.

증명 $\kappa_1 > \kappa_2$ 일 때, $\kappa_n=\kappa_1\cos^2\theta + \kappa_2\sin^2\theta$

$= \kappa_1 - (\kappa_1 - \kappa_2)\sin^2\theta \le \kappa_1$, [$\kappa_n = \kappa_1 \Leftrightarrow \theta=$o or π

$\Leftrightarrow$ 접vector $\dot{\alpha}$가 주vector $\mathbf{t}_1$과 평행

같은 방법으로, $\kappa_n \ge \kappa_2$, [$\kappa_n = \kappa_2 \Leftrightarrow \dot{\alpha}$ 와 $\mathbf{t}_2$ 가 평행].

$\kappa_1 = \kappa_2$, Euler의 정리에 의하여, $\kappa_n = \kappa_1$ 이고

참고 3. 28 (2)의 (b)에 의해서,

모든 접vector들이 주vector들이다 . ▨

문제 3.32

(1) $\alpha(t)=\mathbf{x}(u(t),v(t))$가 곡면 $\mathbf{x}$위의 정칙 곡선이면, $\kappa_n=\frac{II}{I}$임을 증명하라.

(2) [Rodrigues' 공식]

곡선 C의 접vector가 C의 모든 점에서 곡면 S의 주vector이면, 곡면 S위의 곡선 C를 곡률선(a line of curvature)이라고 부른다. $\alpha(t)$가 곡면 S의 곡면조각 $\mathbf{x}$에 놓이는 곡선 C의 부분을 매개화 한 곡선이면, C가 **곡률선**일 필요충분조건은 $\dot{U}=-\lambda\dot{\alpha}$, 여기서 scalar λ는 주곡률, 임을 증명하라.

(3) 회전면의 **자오선**(meridians)과 위선(parallels)은 곡률선임을 증명하라.

풀이 (1) $\kappa_n=Lu'^2+2Mu'v'+Nv'^2$, $u'=\frac{du}{ds}$, s는 호의 길이

$$=\frac{L\dot{u}^2+2M\dot{u}\dot{v}+G\dot{v}^2}{(\frac{ds}{dt})^2},\quad \dot{u}=\frac{du}{dt}$$

$$=\frac{L\dot{u}^2+2M\dot{u}\dot{v}+N\dot{v}^2}{E\dot{u}^2+2F\dot{u}\dot{v}+NG\dot{v}^2}=\frac{II}{I}.$$

(2) $\dot{\alpha}=\mathbf{x}_u\dot{u}+\mathbf{x}_v\dot{v}$이 주곡률 κ에 대응되는 주vector

$$\Leftrightarrow (B-\kappa A)\begin{pmatrix}\dot{u}\\ \dot{v}\end{pmatrix}=\begin{pmatrix}0\\ 0\end{pmatrix} \Leftrightarrow A^{-1}B\begin{pmatrix}\dot{u}\\ \dot{v}\end{pmatrix}=\kappa\begin{pmatrix}\dot{u}\\ \dot{v}\end{pmatrix} \Leftrightarrow$$

$\begin{pmatrix} a & c \\ b & d \end{pmatrix}\begin{pmatrix} \dot{u} \\ \dot{v} \end{pmatrix} = -\kappa\begin{pmatrix} \dot{u} \\ \dot{v} \end{pmatrix} \Leftrightarrow a\dot{u} + c\dot{v} = -\kappa\dot{u}$, $b\dot{u}+d\dot{v}=-\kappa\dot{v}$,

$\dot{U} = U_u\dot{u} + U_v\dot{v} = \dot{u}(a\mathbf{x}_u + b\mathbf{x}_v) + \dot{v}(c\mathbf{x}_u + d\mathbf{x}_v)$

$= (a\dot{u}+c\dot{v})\mathbf{x}_u + (b\dot{u}+d\dot{v})\mathbf{x}_v$ 이므로, $\dot{\alpha} = \mathbf{x}_u\dot{u} + \mathbf{x}_v\dot{v}$

이 주vector $\Leftrightarrow$ $\dot{U} = -\kappa(\dot{u}\mathbf{x}_u + \dot{v}\mathbf{x}_v) = -\kappa\dot{\alpha}$.

(3) 회전면의 $I = du^2 + f(u)^2dv^2$이고,

$II = (\dot{f}\frac{d^2g}{dt^2} - \frac{d^2f}{dt^2}\dot{g})du^2 + f\dot{g}dv^2$, du dv항이 없으므로

, vector $\mathbf{x}_u$와 $\mathbf{x}_v$가 주vector이고, 각각은 자오선 (v =상수)과 위선(u=상수)의 접vector 이므로, 자오선과 위선은 곡률선이다.

정리 3.33

(1) U가 $\mathbf{x}(u,v)$의 표준 단위 법vector이면,

$$U_u = a\mathbf{x}_u + b\mathbf{x}_v, U_v = c\mathbf{x}_u + d\mathbf{x}_v,$$

여기서 $\begin{pmatrix} a & c \\ b & d \end{pmatrix} = -A^{-1}B$, $W = A^{-1}B$는 Weingarten 행렬.

(2) 모든 점이 **배꼽점**인 (연결)곡면은 평면의 일부이거나 구면의 일부이다.

증명 (1) $U_u \cdot x_u = (ax_u + bx_v) \cdot x_u$

$\Rightarrow -L = aE + bF$

$U_v \cdot x_u = (cx_u + dx_v) \cdot x_u \Rightarrow -M = cE + dF$

$U_u \cdot x_v = (ax_u + bx_v) \cdot x_v \Rightarrow -M = aF + bG$

$U_v \cdot x_v = (cx_u + dx_v) \cdot x_v \Rightarrow -N = cF + dG$

$-\begin{pmatrix} L & M \\ M & N \end{pmatrix} = \begin{pmatrix} E & F \\ F & G \end{pmatrix} \begin{pmatrix} a & c \\ b & d \end{pmatrix}$

그러므로, $\begin{pmatrix} a & c \\ b & d \end{pmatrix} = -A^{-1}B$.

(2) $\mathbf{x} : U \longrightarrow \mathbf{R}^3$; 곡면 S의 곡면조각, U가 $\mathbf{R}^2$의 **연결 개집합** (connected open set), κ를 $\mathbf{x}$의 주곡률들의 공통값(common value)이라면, $B = \kappa A$, $W = A^{-1}B = \begin{pmatrix} \kappa & 0 \\ 0 & \kappa \end{pmatrix}$.

(1)로부터, $U_u = -\kappa x_u$, $U_v = -\kappa x_v$ ......(*)

$(\kappa x_u)_v = -(U_u)_v = -(U_v)_u = (\kappa x_v)_u$, $\kappa_v x_u = \kappa_u x_v$.

$\mathbf{x}$가 정칙(regular)이고, x_u와 x_v가 일차독립이므로,

$\kappa_u = \kappa_v = 0$, κ는 상수.

(a) $\kappa=0$이면 (*)에 의해서, U는 상수vector.

$(U \cdot x)_u = U \cdot x_u = 0$, $(U \cdot x)_v = U \cdot x_v = 0$,

$U \cdot x = c =$상수.

$\mathbf{x}(U)$는 평면 : $U \cdot x = c$의 일부이다.

(b) $\kappa \neq 0$이면, (*)로부터, $\mathbf{U} = -\kappa\mathbf{x} + \mathbf{a}$, $\mathbf{a}$는 상수vector.

$$\left\| \mathbf{x} - \frac{1}{\kappa}\mathbf{a} \right\| = \left\| -\frac{1}{\kappa}\mathbf{U} \right\|^2 = \frac{1}{\kappa^2},$$

$\mathbf{x}(U)$는 중심(center)이 $\kappa^{-1}\mathbf{a}$이고 반경(radius)이 κ^{-1}인 구면의 일부이다. ▨

연습문제

(3.1) 곡면 조각 $x(u,v)=(u,v,\sqrt{1-u^2-v^2})$의 $x(\frac{1}{2},\frac{1}{2})$에서의 접평면의 방정식을 구하라. ($\frac{1}{2}(x-\frac{1}{2})+\frac{1}{2}(y-\frac{1}{2})+\frac{1}{\sqrt{2}}(z-\frac{1}{\sqrt{2}})=0$)

(3.2) 방정식 z=f(x , y)로 주어진 곡면의 제 1 기본형식 I과 법vector U를 구하라. ($I=[1+(f_x)^2]dx^2+f_xf_ydxdy+[1+(f_y)^2]dy^2$,

$U=\frac{(-f_x,-f_y,1)}{\sqrt{[1+(f_x)^2+(f_y)^2]}}$)

(3.3) 곡면 : z=f(x , y)의 면적소가 $dA=\sqrt{1+f_x^2+f_y^2}\,dxdy$임을 증명하라.

(3.4) M du + N dv = 0으로 주어진 곡선군의 직교 곡선군은(EN −FM) du + (FN−GM) dv로 주어짐을 증명하라.

(3.5) 곡면 z=f(x , y)의 제2 기본형식 II를 구하라.

$$\left(\mathrm{II} = \frac{f_{xx}dx^2 + 2f_{xy}dxdy + f_{yy}dy^2}{\sqrt{1+f_x^2+f_y^2}} \right)$$

(3.6) 정칙곡면의 임의의 점에서 서로 수직 방향의 한 쌍의 법곡률의 합은 일정함을 증명하라.

(3.7) 접선 전개가능 곡면 $\mathbf{x}(s,v) = \beta(s) + vT(s)$의 주곡률 κ_1과 κ_2를 구하라. $\left(\kappa_1 = 0, \kappa_2 = -\frac{\tau}{v\kappa}\right)$

(3.8) 곡면 F(x , y , z)=0의 **점근방향**들은 $dxdF_x + dydF_y + dzdF_z = 0$, $F_xdx + F_ydy + F_zdz = 0$ 임을 증명하라.

(3.9) 두 곡면이 일정한 각도에서 만나서 이루어진 곡선이 한 곡면위의 곡률선이면 또한 다른 곡면위의 **곡률선**임을 증명하라.
(Hint : $dU_1 \cdot U_2 + U_1 \cdot dU_2 = 0$ 과 Rodrigues' 정리)

3.10 원주면(cylinder)의 **측지선**은 나선(helix)임을 증명하라.

3.11 곡면위의 곡선이 점근선이면서 동시에 측지선이면, 그 곡선은 직선임을 증명하라. ($d\mathbf{x} \cdot d\mathbf{U}=0$, $\mathbf{N}=\pm\mathbf{U} \Rightarrow \kappa=0$)

3.12 회전면은 E=1, F=0, G=G(u)인 형태로 매개화할 수 있음을 증명하라. ($\mathbf{x}(u,v=(f(u)\cos v, f(u)\sin v, g(u))$, $\dot{f}^2+\dot{g}^2=1$)

제4장 Gauss 곡률과 측지선

정의 4.1

곡면조각 x의 주곡률이 κ_1 , κ_2일 때, x의 Gauss 곡률(Gaussian curvature) $K = \kappa_1\kappa_2$, **평균 곡률**(mean curvature) $H = \dfrac{\kappa_1+\kappa_2}{2}$로 정의한다.

정리 4.2

곡면조각 x(u. v)의 제 1 기본형식과 제 2 기본형식을 각각

$$I = Edu^2 + 2Fdudv + Gdv^2 ,\ II = Ldu^2 + 2Mdudv + Ndv^2$$

이라고 하면,

(1) $K = \dfrac{LN - M^2}{EG - F^2}$,

(2) $H = \dfrac{EN - 2(FM) + GL}{2(EG - F^2)}$,

(3) **주곡률** $\kappa = H \pm \sqrt{H^2 - K}$.

증명

κ가 $\mathbf{x}(u.v)$의 **주곡률**이면, 정의 3.27의 (1)에 의해서, κ는 2차 방정식 $(EG-F^2)\kappa^2-\{EN-2(FM)+GL\}\kappa + (LN-M^2)=0$ 의 근이다.

따라서, $K=\kappa_1\kappa_2=$ 두 근의 곱 $=\dfrac{LN-M^2}{EG-F^2}$,

$$H=\frac{\kappa_1+\kappa_2}{2}=\frac{1}{2}(\text{두 근의 합})=\frac{1}{2}\frac{EN-2(FM)+GL}{(EG-F^2)}.$$

K와 H의 정의에 의해, 주곡률 κ_1, κ_2 는 $\kappa^2-2H\kappa+K=0$의 두 근이다, 즉 $\kappa_i=H\pm\sqrt{H^2-K}$. ▨

예제 4.3

(1) **단위 구면**의 경우, 예제 3.29. (1)에 의해서, $\kappa_1=\kappa_2=1$, $K=H=1$.

(2) 반경이 1인 **원주면**의 경우, 예세 3.29. (2)에 의해서,

$\kappa_1=1$, $\kappa_2=0$, $K=0$, $H=1/2$.

(3) **회전면** : $\mathbf{x}(u,v)=(f(u)\cos v, f(u)\sin v, g(u))$의 경우,

$f>0$, $\dot{f}^2+\dot{g}^2=1$이라고 가정하면,

$E=1$, $F=0$, $G=f^2$, $L=\dot{f}\dfrac{d^2g}{du^2}-\dfrac{d^2f}{du^2}\dot{g}$, $M=0$, $N=f\dot{g}$이므로,

$$K=\frac{LN-M^2}{EG-F^2}=\frac{(\dot{f}\frac{d^2g}{du^2}-\frac{d^2f}{du^2}\dot{g})f\dot{g}}{f^2}=-\frac{\frac{d^2f}{du^2}}{f}\ .$$

$$(\because \dot{f}^2+\dot{g}^2=1 \Rightarrow \dot{f}\frac{d^2f}{du^2}+\dot{g}\frac{d^2g}{du^2}=0$$

$$(\dot{f}\frac{d^2g}{du^2}-\frac{d^2f}{du^2}\dot{g})\dot{g} = -\dot{f}^2\frac{d^2f}{du^2}-\frac{d^2f}{du^2}\dot{g}^2 = -\frac{d^2f}{du^2}$$

$$(\dot{f}^2+\dot{g}^2) = -\frac{d^2f}{du^2})$$

(4) **선직면**(ruled surface)의 매개화,

$\mathbf{x}(u,v)=\alpha(u)+v\beta(u)$, $\mathbf{x}_u=\dot{\alpha}+v\dot{\beta}, \mathbf{x}_v=\beta$,

$\mathbf{x}_{uv}=\dot{\beta}$, $\mathbf{x}_{vv}=\mathbf{0}$, $U=\dfrac{\mathbf{x}_u\times\mathbf{x}_v}{\|\mathbf{x}_u\times\mathbf{x}_v\|}$가 $\mathbf{x}$의 표준 단위 법vector라고

가정하면,

$M=\mathbf{x}_{uv}\cdot U=\dot{\beta}\cdot U$, $N=0$.

$$K=\frac{LN-M^2}{EG-F^2}=\frac{-(\dot{\beta}\cdot U)^2}{EG-F^2}\le 0 .$$

문제 4.4

(1) 곡면 $\mathbf{x}(u,v)=(u+v,u-v,uv)$의 $p=\mathbf{x}(1,1)$점에서의 **Gauss곡률** K와 **평균곡률** H를 구하라.

(2) 곡면 : $z=f(x,y)$, **f는 원활한 함수**(smooth function),의 Gauss곡률 K를 구하라.

(3) K가 **원환면**(torus) T의 Gauss 곡률이면,

$$\int_{\mathbf{x}^{-1}(T)}\int KdA = 0\ ,\ \ dA = \sqrt{EG-F^2}\,dudv$$

임을 증명하라.

(4) 곡면조각 $\mathbf{x}(u,v)$의 **제3기본형식**

$$III = dU \cdot dU = \|\mathbf{U}_u\|^2 du^2 + 2\mathbf{U}_u \cdot \mathbf{U}_v dudv + \|\mathbf{U}_v\|^2 dv^2$$

으로 정의하면,

C를 III에 관련된 2 x 2 대칭행렬 이라고 하면,

(a) $C = BA^{-1}B$임을 증명하라.

(b) III $-2H$ II $+K$ I $= 0$임을 증명하라.

풀이 (1) $K=-1/16$, $H=1/8\sqrt{2}$.

(2) 곡면의 매개화 : $\mathbf{x}(u,v) = (u, v, f(u,v))$,

$$K = \frac{f_{uu}f_{vv} - f_{uv}^2}{(1+f_u^2+f_v^2)}\ .$$

(3) $E=a^2$, $F=0$, $G=(b+a\cos u)^2$,

$L=a$, $M=0$, $N=(b+a\cos u)\cos u$.

$$K = \frac{\cos u}{a(b+a\cos u)}\ ,$$

$dA = (EG-F^2)^{1/2} = a(b+a\cos u)dudv$.

따라서, $\displaystyle\int\int KdA = \int_0^{2\pi}\int_0^{2\pi}\cos u\,dudv = 0$

(4) (a) $U_u = ax_u + bx_v, U_v = cx_u + dx_v$,

$$C=\begin{pmatrix} U_u \cdot U_u & U_u \cdot U_v \\ U_u \cdot U_v & U_v \cdot U_v \end{pmatrix}=\begin{pmatrix} a & b \\ c & d \end{pmatrix}\begin{pmatrix} E & F \\ F & G \end{pmatrix}\begin{pmatrix} a & b \\ c & d \end{pmatrix}$$

$$=(-A^{-1}B)^t A(-A^{-1}B)$$

$$=BA^{-1}AA^{-1}B= BA^{-1}B .$$

(b) (a)로부터, $C=BA^{-1}B$,

$A^{-1}C=A^{-1}BA^{-1}B \Leftrightarrow D^2+2HD+KI=0$,

$D=-A^{-1}B=\begin{pmatrix} a & c \\ b & d \end{pmatrix}$.

주곡률들은 $-D$의 **고유값**이므로,

$2H=-D$의 고유값의 합$=-(a+d)$ 이고,

$K=-D$의 고유값의 곱$=ad-bc$ 이다.

따라서, D는 $D^2-(a+d)D+(ad-bc)I=0$을

만족하므로 III $-2H$ II $+$ K I$=0$ 이다.

▶ 참고 4. 5

(1) 곡면위의 모든점에서, K=0인 곡면을 **평탄 곡면**(flat surface)이라고 하고, H=0인 곡면을 **극소곡면**(minimal surface)이라고 부른다.

(2) p에서 S의 두 개의 주곡률이 같으면, p점을 곡면 S의 배꼽점이라고 부르는데, 이때, 곡면조각 $\mathbf{x}$에 대하여, $\mathbf{x}_u$와 $\mathbf{x}_v$가 주곡률 $\kappa_1 = \frac{L}{E}$, $\kappa_2 = \frac{N}{G}$에 대응되는 주vector들이고, 그러면, $\mathbf{x}$를 **주조각**(principal patch)이라고 한다.

정의 4.6

곡면조각 x 위의 모든점 p에서 각각, $K > 0$일 때, $K < 0$ 일 때, $K = 0$ 일 때(주곡률 κ_1과 κ_2 중 하나는 0이고, 다른 하나는 0이 아님)일 때, $K = 0$(주곡률 κ_1과 κ_2 모두 0)일 때, p점을 각각, x의 **타원점**(elliptic point), **쌍곡점**(hyperbolic point), **포물점**(parabolic point), **평면점**(planar point)이라고 정의한다.

예제 4.7

(1) 단위구면에서, $\kappa_1=\kappa_2=\pm1$, 모든점은 **배꼽점**이고 타원점이다.

(2) 반경이 1인 원주면에서, $\kappa_1=\pm1$, $\kappa_2=0$, 모든점이 포물점이다.

(3) **의구면**(pseudosphere)의 매개화

$x(u, v) = (e^u \cos v,\ e^u \sin v,$

$\sqrt{1-e^{2u}} + \cosh^{-1}(e^{-u}))$에서,

모든 점은 쌍곡점이다.

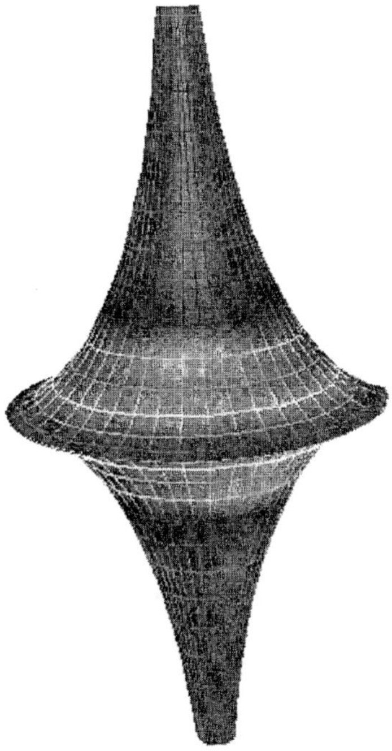

(4) 평면의 모든점은 배꼽점이고 평탄점이다($\kappa_1=\kappa_2=0$).

정의 4.8

(1) 곡면 조각 $\mathbf{x} : U \to R^3$, $\mathbf{x}(U)=S$, 단위구면 $S^2(1)$에 대하여, **Gauss 함수**(Gauss map) $\Phi : S \to S^2(1)$; $\mathbf{x}(u,v) \mapsto U(u,v)$로 정의된다.

(2) ∃ 미분 가능한 Gauss 함수 $\Phi : S \to S^2(1)$: $\Phi(\mathbf{p}) = T_p(S)$, $\forall \mathbf{p} \in S$ 이면, S를 **유향곡면**(orientable surface)이라고 정의한다.

정리 4.9

p점에서 Gauss 곡률 $K=\lim_{R \to p} \frac{A(\Phi(R))}{A(R)}$, $R \subset \mathbf{x}(U)$, A는 면적.

$$(\because \ \frac{A(\Phi(R))}{A(R)} = \frac{\int_{\mathbf{x}^{-1}(R)}\int \| \mathbf{U}_u \times \mathbf{U}_v \| \, dudv}{\int_{\mathbf{x}^{-1}(R)}\int \| \mathbf{x}_u \times \mathbf{x}_v \| \, dudv}$$

$$= \frac{\int_{\mathbf{x}^{-1}(R)}\int |K| \, \| \mathbf{x}_u \times \mathbf{x}_v \| \, dudv}{\int_{\mathbf{x}^{-1}(R)}\int \| \boldsymbol{x}_u \times \boldsymbol{x}_v \| \, dudv},$$

$(\mathbf{U}_u \times \mathbf{U}_v = K(\mathbf{x}_u \times \mathbf{x}_v)\ )\ ).$

4.1 측지선(geodesics)

정의 4.10

곡면 S 위의 곡선 $\alpha(t)$가 **측지선(geodesic)** $\Leftrightarrow$ $\dfrac{d^2\alpha(t)}{dt^2}=0$ 이거나 $\dfrac{d^2\alpha(t)}{dt^2}$ 이 $\alpha(t)$에서 S와 수직이다. 즉, $\dfrac{d^2\alpha(t)}{dt^2}$ 이 모든 t값에 대하여, 단위 법vector U와 평행.

정리 4.11

(1) 임의의 측지선은 상수 속력(constant speed)를 갖는다.

(2) 곡면 S위의 곡선 $\alpha(t)$가 측지선 $\Leftrightarrow$ 모든점에서, α의 측지곡률 (geodesic curvature) $\kappa_g=0$.

(3) 곡면 위의 임의의 직선(의 일부)은 측지선이다.

(4) 곡면 위의 임의의 **법단면**(normal section)은 측지선이다.

증명 (1) $\alpha(t)$가 곡면 S위의 측지선이면,

$$\frac{d}{dt}\|\dot{\alpha}\|^2=\frac{d}{dt}(\dot{\alpha}\cdot\dot{\alpha})=2\dot{\alpha}\cdot\frac{d^2\alpha}{dt^2}=0$$

($\because \dfrac{d^2\alpha}{dt^2}$ 이 접평면과 수직이므로, 접vector $\dot{\alpha}$ 와도 수직이다)

그러므로, $\|\dot{\alpha}\|$는 상수.

(2) (⇒)

$\alpha(t)$가 곡면 S의 조각(patch) **x**에 포함되는 단위속력선 이고, **U**가 **x**의 표준 단위 법vector 라고 가정하면,

$\kappa_g = \frac{d^2\alpha}{dt^2} \cdot (\mathbf{U}\times\dot{\alpha}) = 0.$

$(\because \frac{d^2\alpha}{dt^2}$이 **U**와 평행이면, $\frac{d^2\alpha}{dt^2}$이 $\mathbf{U}\times\dot{\alpha}$와 수직)

(⇐)

$\kappa_g = 0$이면, $\frac{d^2\alpha}{dt^2}$이 $\mathbf{U}\times\dot{\alpha}$와 수직이다.

$\dot{\alpha}$, **U**, $\mathbf{U}\times\dot{\alpha}$가 $\mathbf{R}^3$에서 서로 수직인 단위 vector들이고, $\frac{d^2\alpha}{dt^2}$가 $\dot{\alpha}$과 수직 이므로, $\frac{d^2\alpha}{dt^2}$와 **U**는 평행하다. 따라서, α는 측지선 이다.

(3) 직선 : $\alpha(t)=\mathbf{a}+t\mathbf{b}$, **a**와 **b** 는 상수 vector들, $\frac{d^2\alpha}{dt^2}=0$, 그러므로, α는 측지선 이다.

(4) 곡면 S의 법단면(normal section) C는 C의 모든 점에서 곡면과 수직인 평면 Π 와 S의 공통 부분이므로, 참고 3. 24. (3)으로부터, C에 대한 $\kappa_g = 0$. (2)에 의해서 법 단면은 측지선이다. ▨

예제 4.12

(1) 구면위의 모든 **대원**(great circle)은 측지선이다.

(2) **주면**(generalized cylinder)과 주면의 괘선들(rulings)과 수직인 평면 Π와의 공통부분은 측지선이다.

(3) 곡면 S위의 측지선 α가 평면상에 놓이고, 곡률이 0이 아니면, α는 S의 곡률선이다.

증명 (1) 대원은 구면의 중심 O를 지나는 평면 Π와 구면과의 공통부분(intersection)이므로, P가 대원상의 점이면, vector **OP**는 Π에 있고, P에서 구면의 접평면에 수직이다. 그러므로, Π는 P에서 접평면과 직교한다. 따라서, 대원은 법단면이므로, 정리 4. 11. (4)에 의하여, 대원은 측지선이다.

(2) 단위 법vector **U**와 **괘선들**(rulings)이 수직이므로, **U**는 Π가 평행이다. 그러므로, Π는 접평면과 수직이다. 따라서, 공통부분은 법단면 이므로, 측지선이다.

(3) α가 평면 Π에 있으므로, $\dfrac{d^2\alpha}{dt^2}$는 Π와 평행이다. α가 측지선이므로, $\dfrac{d^2\alpha}{dt^2}$은 **U**와 평행이다. 그러므로, **U**는 Π와 평행이다. $\dot{\mathbf{U}}$이 **U**와 수직이므로, $\dot{\mathbf{U}}$도 Π와 평행이다. $\dot{\alpha}$도 **U**와 수직이고, Π와 평행이므로, $\dot{\mathbf{U}}$이 $\dot{\alpha}$과 평행이다. 따라서,

Rodrigues 공식(문제 3.32. (2))에 의하여, α는 곡률선이다.

▨

정리 4.13

(1) 곡면 S위의 곡선 α가 측지선 $\Leftrightarrow$ S의 곡면조각 $\mathbf{x}$에 포함되는 α의 임의의 부분, $\alpha(t)=\mathbf{x}(u(t),v(t))$이 다음과 같은 **측지 방정식** (geodesic equations)을 만족한다 :

$$\frac{d}{dt}(E\dot{u}+F\dot{v})=\frac{1}{2}(E_u\dot{u}^2+2F_u\dot{u}\dot{v}+G_u\dot{v}^2),$$

$$\frac{d}{dt}(F\dot{u}+G\dot{v})=\frac{1}{2}(E_v\dot{u}^2+2F_v\dot{u}\dot{v}+G_v\dot{v}^2).$$

(2) 회전면(surface of revolution) :

$\mathbf{x}(u,v)=(f(u)\cos v, f(u)\sin v, g(u))$

(a) 모든 자오선(meridian)은 측지선이다.

(b) 위선(parallel) $u=u_0$가 측지선 $\Leftrightarrow$

$\frac{df}{du}(u_0)=0$, 즉 u_0가 f의 **정상점**(stationary point).

(3) [Clairaut의 정리]

(a) α가 회전면 S의 측지선이고, ρ가 회전축과 S의 한 점과의 거리이며, ψ가 $\dot{\alpha}$과 S의 자오선(v=상수)과의 사이각이라고 하면, $\rho\sin\psi$는 α에서(along α) 상수.

(b) $\rho\sin\psi$가 곡면의 적당한 곡선 α에서 상수이고, α의 어느 부분도 곡면 S의 적당한 위선(parallel)의 부분이 아니면, α는 측지선이다.

(4) p가 곡면 S의 점이고, $\alpha(v)$가 S위의 단위속력 측지선이며, $\alpha(0) = p$, 임의의 v에 대하여, $\beta(0)=\alpha(v)$, $\beta(u)$는 $\alpha(v)$에서 α와 수직인 조건을 만족하는 유일한 단위 속력 측지선 β가 존재한다. 이때, $x(u, v)=\beta(u)$로 정의하면, $x : U \longrightarrow \mathbf{R}^3$가 곡면 S의 **측지조각**(goedesic patch)인 (0, 0)를 포함하는 $\mathbf{R}^2$의 개부분 집합(open subset) U가 존재한다. 더욱이, **x**의 제 1 기본형식 $I= du^2+G(u,v)dv^2$ 이다. 여기서 G는, $(0,v)\in U$이면, $G(0,v)=1$, $G_u(0,v)=0$인 조건을 만족하는 U에서 원활한 함수(smooth function). 이때, u와 v를 **측지좌표**(geodesic coordinates)라고 부른다.

따름정리 4. 14

(1) p가 곡면 S의 점이고, t가 p에서 S의 단위 접vector이면, p에서 접vector t를 갖고, p를 지나는 S위의 유일한 단위 속력 측지선 α가 존재 한다.

(2) 곡면 S_1으로부터 곡면 S_2로의 **등장함수**(isometry) $f : S_1 \rightarrow S_2$는 S_1위의 임의의 곡선 α에 대하여, α의 길이=$(f\circ\alpha)$의 길이, 를

만족하는 전단사(bijective), 미분가능한(differentiable) 함수라고 정의하면, 등장함수 f는 S_1위의 측지선들을 S_2위의 측지선들로 보낸다.

예제 4.15

p를 단위구면 $S^2(1)$의 적도(equator)위의 점이고, $\alpha=\alpha(\phi)$, ϕ는 **경도**(longitude), $\beta=\beta(\theta)$, θ는 **위도**(latitude), β는 경도를 갖는 적도위의 점을 지나면, 대응되는 **측지조각**(goedesic patch)은 $\mathbf{x}(\theta,\phi)$이고 제1기본형식 $I= d\theta^2+\sin^2\theta d\phi^2$이다.

연습문제

(4.1) 안장곡면 : z=xy의 Gauss곡률 K와 평균곡률 H를 구하라.

($K=\dfrac{-1}{(1+x^2+y^2)^2}$, $H=\dfrac{-xy}{(1+x^2+y^2)^{3/2}}$)

(4.2) 나선면(helicoid) $\mathbf{x}(u,v)=(u\cos v, u\sin v, bv), b\neq 0$의 Gauss곡률 K와 평균곡률 H를 구하라. ($K=\dfrac{-b^2}{(b^2+u^2)^2}, H=0$)

(4.3) 회전면의 자오선(meridians)과 위선(parallels)은 모두 곡률선임을 증명하라.

(4.4) $e^z\cos x-\cos y=0$로 표시되는 곡면은 극소곡면(minimal surface)임을 증명하라.

(4.5) 곡면 S위의 곡선 $\beta(s)$의 측지곡률 $\kappa_g = \kappa\sin\theta = [U, \beta', \beta'']$임을 증명하라. 여기서, κ는 β의 곡률, $\theta = \measuredangle(N, U)$.

(4.6) 포물면(paraboloid) $\mathbf{x}(u,v) = (u\cos v, u\sin v, \frac{1}{2}au^2)$ 위의 u=상수인 곡선의 측지곡률 κ_g를 구하라.($\kappa_g = \dfrac{1}{u\sqrt{1+a^2u^2}}$)

(4.7) 3차원 Euclid 공간에서의 폐곡면 S의 Gauss곡률 K > 0인 점이 항상 존재함을 증명하라.

(4.8) 단위 속력곡선 $\beta(s)$와 단위 vector $\mathbf{u}$에 대하여, 주면의 좌표조각 $\mathbf{x}(s,v) = \beta(s) + v\mathbf{u}$, $\beta' \times \mathbf{u} \neq \mathbf{0}$의 Gauss 곡률 K를 구하라.

(4.9) 곡면 S 위의 측지선 $\alpha(t)$가 평면상에 놓이고, 곡률 $\kappa \neq 0$이면, α는 S의 곡률선임을 증명하라.

(4.10) 원주면의 모든 위도선 u=상수은 곡률선임을 증명하라.

(4.11) 극소 곡면(minimal surface) S의 Gauss곡률 $K \leq 0$임을 증명하라.

제5장 곡면론의 기본정리

보조정리 5.0

$\{u, v, U\}$가 곡면 x의 **우수계 정규직교 기저**(right-handed orthonormal basis)이면, $u_u \cdot v_v - v_u \cdot u_v = \dfrac{LN - M^2}{\sqrt{EG - F^2}}$.

정리 5.1

Gauss의 정리(Gauss's Theorema Egregium)

곡면의 Gauss 곡률은 곡면의 내재적(intrinsic) 성질이다,

즉, Gauss 곡률 K는 오직 **제1 기본형식**에 의존한다 :

$$K = \frac{1}{(EG - F^2)^2}$$

$$\{\mathrm{Det}\begin{pmatrix} -1/2E_{vv} + F_{uv} - 1/2G_{uu} & 1/2E_u & F_u - 1/2E_v \\ F_v - 1/2G_u & E & F \\ 1/2G_v & F & G \end{pmatrix}$$

$$-\mathrm{Det}\begin{pmatrix} 0 & (1/2)E_v & (1/2)G_u \\ (1/2)E_v & E & F \\ (1/2)G_u & F & G \end{pmatrix}\}$$

따름정리 5.2

(1) x가 곡면 S의 **수직 매개화**(orthogonal parametrization),

즉 F=0이면,

$$K= -\frac{1}{2\sqrt{EG}}[\frac{\partial}{\partial v}(\frac{E_v}{\sqrt{EG}})+\frac{\partial}{\partial u}(\frac{G_u}{\sqrt{EG}})] .$$

(2) E=1, F=0이면, $K=-\frac{1}{\sqrt{G}}\frac{\partial^2\sqrt{G}}{\partial u^2}$.

예제 5.3.1

회전면 $x(u,v)=(f(u)\cos v, f(u)\sin v, g(u))$, $f > 0$, $\dot{f}^2+\dot{g}^2=1$ 에서

$E=1$, $F=0$, $G=f(u)^2$.

그러므로, $K=-\frac{1}{\sqrt{G}}\frac{\partial^2\sqrt{G}}{\partial u^2}=-\frac{d^2f}{du^2}/f$.

정리 5.3.2

상수 Gauss 곡률를 갖는 곡면의 임의의 점은 **평면**(plane), **구면**(sphere), 또는 **의구면**(pseudosphere)의 일부와 **등장적**(isometric)인 조각(patch)에 포함된다.

증명 (1) K=0이면, 곡면조각 **x**는 평면의 일부와 등장적 이다. ($\because$ I= du^2+dv^2)

(2) K=1이면, 곡면조각 **x**는 단위구면의 일부와 등장적이다. ($\because$ I=$d\theta^2+\sin^2 d\phi^2$)

(3) K=−1이면, 곡면조각 **X**는 의구면의 일부와 등장적이다. ($\because$ I=$du^2+\cosh^2 u dv^2$). ▨

정리 5.4

[Gauss 방정식]

x(u, v)가 곡면조각이면, $\mathbf{x}_{ij}=\Gamma^k_{ij}\mathbf{x}_k+h_{ij}U$, i, j, k=1, 2,

$h_{ij}=\mathbf{x}_{ij}\cdot U$, Γ^k_{ij}는 제2종 Christoffel 기호(symbols) :

$$\Gamma^1_{ij}=\frac{(G\Gamma_{1ij}-F\Gamma_{2ij})}{EG-F^2}, \Gamma^2_{ij}=\frac{(E\Gamma_{2ij}-F\Gamma_{1ij})}{EG-F^2},$$

$\Gamma_{ijk}=\mathbf{x}_i\cdot\mathbf{x}_{jk}(i,j,k=1,2)$는 제1종 Christoffel 기호(symbols)

정리 5.5

[Codazzi-Mainardi 방정식]

$$L_v - M_u = L\Gamma_{12}^1 + M(\Gamma_{12}^2 - \Gamma_{11}^1) - N\Gamma_{11}^2,$$

$$M_v - N_u = L\Gamma_{22}^1 + M(\Gamma_{22}^2 - \Gamma_{12}^1) - N\Gamma_{12}^2.$$

정리 5.6

[국소 곡면론의 기본정리]

$\mathbf{x} : U \to \mathbf{R}^3$, $\tilde{\mathbf{x}} : U \to \mathbf{R}^3$가 같은 제 1 기본형식 I 과 제 2 기본형식 II 를 갖는 2개의 곡면조각이면, $\tilde{\mathbf{x}} = M \circ \mathbf{x}$를 만족하는 $\mathbf{R}^3$의 강체운동(rigid motion) M이 존재한다.

더욱이, V가 $\mathbf{R}^3$의 개 부분집합(open subset)이고, V에서 E, F, G, L, M, N이 원활한(smooth) 함수들이며, $E>0$, $G>0$, $EG-F^2>0$, 정리 5.4의 Gauss 방정식과 Codazzi-Mainardi방정식(정리 5. 5)을 만족한다고 가정하면, $(u_0, v_0) \in V$이면, $\mathbf{x}$의 $I = Edu^2 + 2Fdudv + Gdv^2$, $II = Ldu^2 + 2Mdudv + Ndv^2$인 $(u_0, v_0) \in U$이고 V에 포함되는 개집합 U와 곡면조각 $\mathbf{x} : U \to \mathbf{R}^3$이 존재한다.

예제 5.7

$I=du^2+dv^2$, $II=-du^2$에 대하여, E=1, F=0, G=1, L=−1, M=0, N=0이므로, 모든 Christoffel 기호들이 0 이고, Codazzi−Mainardi 방정식도 만족하며, 정리 5.1에 의해서, K=0. 정리 5. 6(국소 곡면론의 기본정리)에 따라, 주어진 I과 II를 갖는 곡면조각 **x**가 존재한다. 한편, Gauss 방정식(정리 5. 4)에 의하여, $\mathbf{x}_{uu}=-\mathbf{U}$, $\mathbf{x}_{uv}=0$, $\mathbf{x}_{vv}=0 \Rightarrow \mathbf{x}_v=\mathbf{a}=$상수 vector$\Rightarrow \mathbf{x}(u,v)=\mathbf{b}(u)+v\mathbf{a}$, $\mathbf{U}=-\dfrac{d^2\mathbf{b}}{du^2}$. 정리 3. 33의 (1)에 의해서, Weingarten **행렬** $W=A^{-1}B=\begin{pmatrix}1&0\\0&1\end{pmatrix}^{-1}\begin{pmatrix}-1&0\\0&0\end{pmatrix}=\begin{pmatrix}-1&0\\0&0\end{pmatrix}$ $\mathbf{U}_u=\mathbf{x}_u$, $\mathbf{U}_v=0 \Rightarrow \mathbf{b}'''+\mathbf{b}'=0$, $\mathbf{b}'=\dfrac{d\mathbf{b}}{du} \Rightarrow \mathbf{b}''+\mathbf{b}=$ 상수 vector=0 ($\because$ **x**에 평행이동을 적용한다) $\Rightarrow \mathbf{b}(u)=\mathbf{c}\cos u+\mathbf{d}\sin u$, **c**와 **d**는 상수 vector, $\mathbf{U}=-\mathbf{b}''=\mathbf{b}$. **c**=(1, 0, 0), **d**=(0, 1, 0) $\Rightarrow$ $\mathbf{b}(u)=(\cos u,\sin u,\ 0)$, $\mathbf{x}_u\times\mathbf{x}_v=\lambda\mathbf{U}$, $\lambda\neq0 \Rightarrow \mathbf{b}'\times\mathbf{a}=\lambda\mathbf{b} \Rightarrow$ $\mathbf{a}=(0,0,\lambda)$. 따라서, 곡면조각 $\mathbf{x}(u,v)=(\cos u,\sin u,\lambda v)$은 반경이 1인 원주면(circular cylinder)의 매개화이다.

문제 5.8

곡면조각 $\mathbf{x}(\theta,\phi)$가 $I=\cos^2\phi d\theta^2+d\phi^2$, $II=-\cos^2\theta d\theta^2+d\phi^2$이면, 곡면은 반경이 1인 구면의 일부임을 증명하라.

증명 $W = -A^{-1}B = -\begin{pmatrix} \cos^2\phi & 0 \\ 0 & 1 \end{pmatrix}^{-1} \begin{pmatrix} -\cos^2\phi & 0 \\ 0 & -1 \end{pmatrix} = \begin{pmatrix} 1 & 0 \\ 0 & 1 \end{pmatrix}$,

$U_u = x_u$, $U_v = x_v \Longrightarrow U = x - a$, a는 상수 vector.

그러므로, 곡면은 반경이 1이고 중심이 a인 구면의 일부이다. ▨

보조정리 5.9

[Hilbert의 보조정리]

곡면조각 $\mathbf{x} : U \to R^3$ 가 배꼽점이 아닌 $p=\mathbf{x}(u_0, v_0)$를 포함하고, $\kappa_1 \geq \kappa_2$ 가 $\mathbf{x}$의 주곡률이며, κ_1이 p에서 극대값을 갖고, κ_2가 p에서 극소값을 가질 때, p에서 $\mathbf{x}$의 Gauss 곡률 $K \leq 0$이다.

증명 p점이 배꼽점이 아니고, 수직 매개화를 고려할 때

$F=0$ 이므로, $\kappa_1 > \kappa_2$, $I = Edu^2 + Gdv^2$,

$II = Ldu^2 + Ndv^2$ 이라고 가정하면,

$$E_v = -\frac{2E}{\kappa_1 - \kappa_2}(\kappa_1)_v, G_u = \frac{2G}{\kappa_1 - \kappa_2}(\kappa_2)_u,$$

$$K = -\frac{1}{2\sqrt{EG}}\left[\frac{\partial}{\partial v}\left(\frac{E_v}{\sqrt{EG}}\right) + \frac{\partial}{\partial u}\left(\frac{G_u}{\sqrt{EG}}\right)\right].$$

p가 κ_1, κ_2의 정상점(stationary point)이므로,

$(\kappa_1)_v = (\kappa_2)_u = 0 \Rightarrow$ p에서 $E_v = G_u = 0$.

그러므로, p에서, K=

$$-\frac{1}{2EG}(G_{uu}+E_{vv})=-\frac{1}{2EG}[\frac{2G}{\kappa_1-\kappa_2}(\kappa_2)_{uu}-\frac{2E}{\kappa_1-\kappa_2}(\kappa_1)_{vv}]$$

κ_1은 p에서 극대값(local maximum)을 가지므로,

p에서 $(\kappa_1)_{vv} \leq 0$이고, κ_2는 p에서 극소값(local minimum)을 가지므로, p에서 $(\kappa_2)_{uu} \geq 0$이다.

따라서, p에서 $K \leq 0$. ▨

정리 5.10

상수 Gauss 곡률을 갖는 임의의 compact **곡면**(R^2의 유계 폐부분 집합(bounded closed subset)) S는 구면이다 .

증명

곡면 S위에 정의된 연속함수 J=$(\kappa_1-\kappa_2)^2$, κ_1,κ_2는 주곡률를 생각하면, S 위에서 J=0 임을 증명하면 된다. J=0이면 S의 모든점은 배꼽점이고, K > 0 이므로, 정리 3.33. (2)에 의해서, S는 구면 S^2의 일부이다. S의 곡면조각 $\mathbf{x}$: U → $\mathbf{R}^3$의 임의의 점 p에 대하여, $\mathbf{x}(U)=S\cap W$, W는 $\mathbf{R}^3$의 개 부분집합이므로, S는 S^2의 개 부분집합(open subset)이다. 한편, S가 compact 이므로, S는 $\mathbf{R}^3$의 폐 부분집합(closed subset)이고, 따라서 S는 S^2의 폐 부분집합이다. 그런데, S^2는 연결집합이므로, 개집합이면서 동시에 폐집합인 S^2의 공집합이 아닌 유일한 부분집합은 S^2 자

신이다.

그러므로, 곡면 S는 구면전체, 즉 S^2이다. 이제 남은 것은 S에서 J=0임을 증명 하는 것이다. S 위에서 $J \neq 0$라고 가정하면, S가 compact 이므로, S의 적당한 점 p에서 J는 최대값(>0)을 갖는다. p를 포함하는 S의 조각 $\mathbf{x} : U \to \mathbf{R}^3$ 와 주곡률 κ_1과 κ_2에 대하여, $\kappa_1\kappa_2 > 0$이므로, 재매개화를 이용하면, $\kappa_1 > 0$, $\kappa_2 > 0$라고 가정할 수 있다. p에서 $\kappa_1 > \kappa_2$이면, U에서 $\kappa_1 > \kappa_2$이다. K가 양의 상수이므로, 함수 $(x - \frac{K}{x})^2$은 $x > K/x > 0$일 때는 증가한다. $\kappa_1 > \frac{K}{\kappa_1} = \kappa_2 > 0$이므로, $(x - \frac{K}{x})^2$은 $x = \kappa_1$에서 증가함수이다. 그러므로, κ_1은 p에서 극대값을 갖고, $\kappa_2 = K/\kappa_1$는 p에서 극소값을 갖는다. 따라서, Hilbert의 보조정리(보조정리 5.9)에 의하여, p에서 $K \leq 0$. 이 사실은 K > 0라는 가정에 모순된다. 결국, S 위에서 J=0이다, 즉 S위의 모든점은 배꼽점이다.

따라서, 정리 3.33의 (2)에 의해서, S는 구면 S^2이다. ▨

문제 5.11

K > 0이고 H가 상수인 compact 곡면은 구면임을 증명하라.

증명 정리 5. 10의 증명과정 처럼, 곡면 S의 조각 **x**에 포함되는 점 p에서 $J=(\kappa_1 - \kappa_2)^2$이 최대값 (> 0)을 갖는다고 가정하고, S에서

$\kappa_1 > \kappa_2 > 0$라면,

$H = \dfrac{\kappa_1 + \kappa_2}{2}$이므로, $\kappa_1 > H$, $J = 4(\kappa_1 - H)^2$. 그러므로, $\kappa_1 > H$ 일 때, $J(\kappa_1)$는 증가함수이다, 따라서, κ_1은 p에서 최대값을 갖고, $\kappa_2 = 2H - \kappa_1$은 p에서 최소값을 갖는다. 그러므로, Hilbert의 보조정리에 의하여, p에서 $K \leq 0$. 이는 $K > 0$라는 가정에 모순된다. ▨

연습문제

5.1 $\beta(s)$가 길이가 l인 평면상의 단순 폐곡선이고, κ가 β의 곡률일 때, $\int_0^l \kappa(s)ds = 2\pi$ 임을 증명하라. ($\int_0^l \kappa ds = \int_0^l \frac{d\theta}{ds}ds = 2\pi$)

5.2 곡면조각 $\mathbf{x}(u,v)$의 제 1 기본형식 $I=e^{\lambda(u,v)}(du^2+dv^2)$이면, $\mathbf{x}$의 Gauss곡률 K는 방정식 : $\Delta\lambda(u,v)+2Ke^{\lambda(u,v)}=0$을 만족함을 증명하라.(F=0 이므로, 따름정리 5. 2의 (1)에 의해서,

$$K=\frac{-1}{2e^{\lambda}}\left[\frac{\partial}{\partial u}\left(\frac{e_u^{\lambda}}{e^{\lambda}}\right)+\frac{\partial}{\partial v}\left(\frac{e_v^{\lambda}}{e^{\lambda}}\right)\right]=\frac{-1}{2e^{\lambda}}\Delta\lambda(u,v)\ )$$

5.3 곡면조각 $\mathbf{x}(u,v)$의 제 1 기본형식 I과 제 2 기본형식 II가 각각 $I=\cos^2 v du^2+dv^2$, $II=-(\cos^2 v du^2+dv^2)$이면, 이 곡면은 단위 구면(의 일부)임을 증명하라. (Weingarten **행렬** W=I이므로, $U_u=\mathbf{x}_u$, $U_v=\mathbf{x}_v$, 그러므로, $U=\mathbf{x}-\mathbf{a}$, $\|\mathbf{x}-\mathbf{a}\|=1$)

(5.4) 곡면 S의 제 1 기본형식 I과 제 2 기본형식 II가 각각

I=Edu^2+Gdv^2, II=Ldu^2+Ndv^2이면, Codazzi-Mainardi 방정식은

$L_v=\frac{1}{2}E_v(\frac{L}{E}+\frac{N}{G})$, $N_u=\frac{1}{2}G_u(\frac{L}{E}+\frac{N}{G})$로 줄어들고,

주곡률 $\kappa_1=\frac{L}{E}$, $\kappa_2=\frac{N}{G}$는 방정식 $(\kappa_1)_v=\frac{E_v}{2E}(\kappa_2-\kappa_1)$,

$(\kappa_2)_u=\frac{G_u}{2G}(\kappa_1-\kappa_2)$을 만족함을 증명하라.

(5.5) 의구면의 Gauss곡률 K는 음의 상수임을 증명하라.

(5.6) S가 $\mathbf{R}^3$에서 경계를 갖지 않는 유향 compact 곡면으로 구면 $S^2(r)$과 위상 동형이 아니면, $K(p)=0$되는 점 $p\in S$가 존재함을 증명하라.

제6장 Gauss-Bonnet 정리 (Gauss-Bonnet Theorem)

정리 6.1

[Hopf의 회전정리(Hopf's Umlaufsatz)] [1 ,9]

θ(s)가 α(s)에서 곡면 **x**위의 단위속력, 양의 방향의, 길이가 l인 단순 폐곡선 α의 단위 접vector $\frac{d\alpha}{ds}$와 접평면의 단위 기저(basis) vector **u**와의 사이각이면, $\int_0^l \frac{d\theta}{ds} ds = 2\pi$.

정리 6.2

[단순 폐곡선에 대한 Gauss-Bonnet 정리]

α(s)는 길이가 l인 곡면 **x**위의 단위속력, 양의 방향의, 단순 폐곡선이면, $\int_0^l \kappa_g ds + \int_A \int KdA = 2\pi$, κ_g는 α의 **측지곡률**, A는 α의 내부, K는 **x**의 Gauss 곡률, dA= $\sqrt{EG-F^2}$ dudv는 **x**위의 **면적소** (area element).

증명 $\{\mathbf{u},\mathbf{v},\mathbf{U}\}$, $\mathbf{U}$는 $\mathbf{x}$의 단위 법vector, 가 $\mathbf{R}^3$의 우수계(right-handed) 정규 직교기저(orthonormal basis)이고, 각점에서 곡면 $\mathbf{x}$의 접평면의 원활한 정규 직교기저 $\{\mathbf{u}, \mathbf{v}\}$를 선택하면,

$$\text{적분값 } Q = \int_0^l \mathbf{u}\cdot\dot{\mathbf{v}}ds$$

$$= \int_0^l \mathbf{u}\cdot(\mathbf{v}_u\dot{u}+\mathbf{v}_v\dot{v})ds$$

$$= \int_\alpha (\mathbf{u}\cdot\mathbf{v}_u)du+(\mathbf{u}\cdot\mathbf{v}_v)dv$$

$$= \int_A\int[(\mathbf{u}\cdot\mathbf{v}_v)_u-(\mathbf{u}\cdot\mathbf{v}_u)_v]dudv$$

(∵ Green의 정리)

$$= \int_A\int[(\mathbf{u}_u\cdot\mathbf{v}_v)-(\mathbf{u}_v\cdot\mathbf{v}_u)]dudv$$

$$= \int_A\int\frac{LN-M^2}{\sqrt{EG-F^2}}dudv \text{(보조정리 5.0)}$$

$$= \int_A\int\frac{LN-M^2}{EG-F^2}\sqrt{EG-F^2}\,dudv$$

$$= \int_A\int KdA\ .$$

$\theta(s)$가 $\alpha(s)$에서 $\dot{\alpha}$과 $\mathbf{u}$와의 사이각이면,

$$\dot{\alpha}=\cos\theta\mathbf{u}+\sin\theta\mathbf{v}\ \Rightarrow\ \mathbf{U}\times\dot{\alpha}=-\sin\theta\mathbf{u}+\cos\theta\mathbf{v}\ \Rightarrow$$

$$\alpha''=\cos\theta u'+\sin\theta v'+\theta'(-\sin\theta\mathbf{u}+\cos\theta\mathbf{v}),\ \ \alpha''=\frac{d^2\alpha}{ds^2}.$$

$$\kappa_g = (U \times \alpha') \cdot \alpha'' = \theta' + \cos^2\theta(u' \cdot v) - \sin^2\theta(v' \cdot u)$$

$$+ \sin\theta\cos\theta(v' \cdot v - u' \cdot u) = \theta' - u \cdot v'$$

($\because$ u와 v가 서로 수직인 단위vector 이므로,

$u \cdot u' = v \cdot v' = 0$, $u' \cdot v = -u \cdot v'$)

따라서, $Q = \int_0^l (\theta' - \kappa_g)ds = \int_0^l \theta' ds - \int_0^l \kappa_g ds$

$$= 2\pi - \int_0^l \kappa_g ds \text{ . (정리 6. 1).}$$

▨

문제 6.3

$\alpha(s)$가 길이가 l인 $\mathbf{R}^2$의 단순 폐곡선이고 $\kappa(s)$가 α의 평면곡률이면, Hopf의 회전정리로부터, $\int_0^l \kappa(s)ds = 2\pi$임을 유도하라 .

풀이 평면곡률 $\kappa = \frac{d\phi}{ds}$, ϕ는 고정된 단위 vector와 이 vector를 반시계 방향으로 회전시키면 α의 단위 접 vector t와 일치하게 되는, t와의 사이각,

$$\Rightarrow \int_0^l \kappa(s)ds = \int_0^l \frac{d\phi}{ds}ds = 2\pi \text{ (정리 6.1).}$$

정리 6.4

[곡선 다각형(curvilinear polygons)에 관한 Gauss-Bonnet 정리]

α가 길이가 l인 곡면 x 위의 n 개의 변(edges)을 가진 **양의 방향의**, 단위속력, **곡선 다각형**(curvilinear polygons)이고, $\alpha_1,\dots,\alpha_n$ 이 각 **정점**(vertices)에서의 **내각**(interior angles)이라고 하면.

$$\int_0^l \kappa_g ds+\int_A\int KdA=\sum_{j=1}^n \alpha_j-(n-2)\pi\text{, A는 }\alpha\text{의 내부.}$$

증명 정리 6.2를 증명할 때와 같은 논법으로,

$$\int_0^l \kappa_g ds-\int_0^l \frac{d\theta}{ds}ds=\int_A\int KdA\text{를 증명해야 하므로,}$$

$$\int_0^l \frac{d\theta}{ds}ds=2\pi-\sum_{j=1}^n \beta_j, \beta_j=\pi-\alpha_j\text{임을 증명할 것이다.}$$

먼저, α의 각 정점을 부드럽게 한(smoothing) 원활한 곡선을 $\tilde{\alpha}$이라고 하면, $\int_0^{l'} \frac{d\tilde{\theta}}{ds}=2\pi$, l'은 $\tilde{\alpha}$의 길이. α의 정점 근방을 제외하고 α와 $\tilde{\alpha}$ 가 동일하므로, $\int_0^{l'} \frac{d\tilde{\theta}}{ds}-\int_0^l \frac{d\theta}{ds}ds=\sum_{j=1}^n \beta_j$, $\beta_j=\pi-\alpha_j$.

그러므로, $$\int_0^l \kappa_g ds=2\pi-\sum_{j=1}^n \beta_j-\int_A\int KdA$$

$$=2\pi-\sum_{j=1}^n (\pi-\alpha_j)-\int_A\int KdA$$

$$= \sum_{j=1}^{n} \alpha_j - (n-2)\pi - \int_A\int KdA.$$

▨

따름정리 6.5

α가 길이가 l인 곡면 x 위의 n 개의 변(edges)이 측지선의 호이고, 양의 방향의, 단위속력, 곡선 다각형(curvilinear polygons)이며, $\alpha_1, \ldots, \alpha_n$ 이 각 정점(vertices)에서의 내각이라고 하면

$$\sum_{j=1}^{n} \alpha_j = (n-2)\pi - \int_A\int KdA,$$

A는 α의 내부.

증명 각 호가 측지선이므로 각호 C_j 위에서 $\int_{C_j} \kappa_g ds = 0$ 이므로,

$$\int_0^l \kappa_g ds = \sum_{j=1}^{n} \int_{C_j} \kappa_g ds = 0 \text{ 이다.}$$

▨

▶ **참고 6. 6**

(1) α가 평면에서 n-다각형 이면, 평면에 대한 K=0 이므로,

$$\sum_{j=1}^{n} \alpha_j = (n-2)\pi.$$

(2) 단위 구면위의 곡선 n-다각형 α의 변이 대원의 호일 때,

$$\sum_{j=1}^{n}\alpha_j-(n-2)\pi=\int_A\int dA=\alpha$$

의 내부 면적, ($\because$ K=1). 특히, n=3일 때, 대원의 호를 변으로 갖는 구면 삼각형 $\triangle$의 면적 A($\triangle$)=3내각의 합$-\pi$이다.

(3) 의구면(pseudosphere) 위의 측지 n-다각형 α에 대하여,

$$\sum_{j=1}^{n}\alpha_j-(n-2)\pi=-A(\alpha\text{의 내부}),\ (\because\ K=-1\ )$$

정의 6.7

(1) 곡면 S={$\mathbf{x}_j$ | $\mathbf{x}_j$: U_j $\longrightarrow$ $\mathbf{R}^3$, 조각(patch) }.

S의 **삼각형 분할**(triangulation)={ α_j | α_j는 곡선 다각형, α_j의 내부는 $\mathbf{x}_j(U_j)$중 하나에 포함된다 } $\Leftrightarrow$

(a) S의 모든점 은 적어도 곡선 다각형들중 하나에 있다.

(b) 두 개의 곡선 다각형은 서로 겹치지 않거나(disjoint), 겹치면 공통변 이나 공통 정점을 갖는다.

(c) 각 변은 오직 두 다각형의 한 변 이다.

(2) compact 곡면 S의 삼각형 분할에 대한 Euler-Poincare 지표를

$\chi(S)$라고하면, $\chi(S)=v-e+f$,

v = 삼각형 분할에서 **정점**(vertex)의 총 개수.

e = 삼각형 분할에서 **변**(edge)의 총 개수.

f = 삼각형 분할에서 **면**(face)의 총 개수,

로 정의한다.

(3) 곡면 S의 **종수**(genus) g는 곡면의 hole(또는 **손잡이**(handle))의 총 개수.

정리 6.8

[Compact 곡면에 관한 Gauss-Bonnet 정리]

S가 경계를 갖지 않는 compact 곡면이면, S의 임의의 삼각형 분할에 대하여, 곡면 S의 전곡률, $\int_S\int KdA = 2\pi\chi(S)$, $\chi(S)$는 S의 삼각형 분할의 Euler–Poincare 지표.

따름정리 6.9

compact 곡면 S의 삼각형 분할에서 Euler 지표 $\chi(S)$는 S에만 의존하고 어떠한 삼각형 분할의 선택에 의존하지 않는다.

예제 6.10

(1) 단위 구면 $S^2(1)$에서 $\chi(S^2(1))=2$ $\int_{S^2(1)}\int KdA=4\pi$.

(2) 원환면 T^2에서, $\chi(T^2)=0$, $\int_{T^2}\int KdA=0$.

정리 6.11

종수(genus)가 g인 compact 곡면 T_g의 Euler 지표 $\chi(T_g)=2(1-g)$ 이다.

증명 종수 g에 관한 귀납법을 사용하여 증명한다.

[1] 참조.

따름정리 6.12

종수가 g 인 compact 곡면 T_g에 대하여, $\int_{T_g}\int KdA=4\pi(1-g)$.

문제 6.13

(1) compact 곡면 S가 원환면 T^2와 위상동형이면, $\int_S\int KdA=0$ 임을 증명하라.

(2) S가 타원면 : $\frac{x^2+y^2}{a^2}+\frac{z^2}{b^2}=1$, a와 b는 양의 상수이면,

$\int_S\int \mathrm{KdA}=4\pi$임을 증명하라.

풀이 (1) S가 T^2와 **위상동형**(homeomorphism)이므로, 따름정리 6. 12에 의해,

$\int_S\int \mathrm{KdA}=4\pi(1-g)$이고, 정리 6. 11에 의해,

g=1. 그러므로, $\int_S\int \mathrm{KdA}=0$. 그리고, S가

compact 곡면이므로, K >0 인 S의 점이 존재

한

다. ($\because$ S의 점 p에서, $K\geq \frac{1}{\|p\|^2}>0$,

$f(\mathbf{v})=\|\mathbf{v}\|^2$)

(2) 타원면 S는 대응 $(x,y,z)\longmapsto(x/a,y/a,z/b)$에 의해서, 단위구면 과 위상동형이므로, 타원면의 종수 g=0. 그러므로, 따름정리 6. 12에 의해서,

$\int_S\int \mathrm{KdA}=4\pi(1-0)=4\pi$.

▶ **참고 6. 14**

$\mathbf{R}^3$에서 compact곡면 S의 Euler-Poincare 지표 $\chi(S)\leq 2$인 짝수이다.

정리 6.15

[정리 6.4의 일반화]

$\beta=\beta(s)$ 가 유향 곡면 S 위의 **조각적 정칙곡선**이면,

$$\int\int_R KdA+\int_{\alpha}\kappa_g ds=2\pi\chi(S)-\sum_{i=1}^{n}(\pi-\alpha_i)$$, α_i는 β의 내각,

R은 β의 내부 영역.

연습문제

6.1 곡면 $S=\{(x, y, z)\in\mathbf{R}^3 \mid x^2+y^{10}+z^6=1\}$의 Euler-Poincare 지표 $\chi(S)$를 구하라. $(\chi(S)=\chi(S^2(1))=2)$

6.2 다음 곡면의 **전곡률**을 구하라.

(1) 타원면

(2) $S : x^2+y^4+z^6=1$

(3) 4개의 종수를 갖고 있는 곡면 S

((1)과 (2)의 전곡률=4π, (3)의 전곡률=-12π)

6.3 Gauss-Bonnet 정리를 이용하여, 평면 다각형의 외각의 합을 구하라.(2π).

6.4 구면위의 측지삼각형의 내각의 합이 $>\pi$임을 증명하라.

(6.5) $K \geq O$인 $\mathbf{R}^3$에서의 compact곡면은 구면과 위상동형임을 증명하라. ($\because$ $\mathbf{R}^3$에서의 임의의 compact 곡면은 종수를 갖는 구면과 위상동형이다)

(6.6) 유향 compact 곡면에 관한 Gauss-Bonnet정리를 이용하여, 반지름이 r인 구면 $S^2(r)$의 Euler-Poincare 지표, $\chi(S^2(r))$를 구하라.

($\chi(S^2(r)) = \dfrac{1}{2\pi}\displaystyle\int\int_{S^2(r)} KdA = \dfrac{4\pi}{2\pi} = 2$)

참고문헌

〔1〕 A. Pressley, *Elementary Differential Geometry*, Springer, 2001.

〔2〕 M. P. Do Carmo, *Differential Geometry of Curves and Surfaces*, Prentice-Hall, 1976.

〔3〕 R. S. Millman and G. D. Parker, *Elements of Differential Geometry*, Prentice-Hall, 1977.

〔4〕 B. O'Neill, *Elementary Differential Geometry*, Academic Press, 1966.

〔5〕 D. J. Struik, *Lectures on Classical Differential Geometry*, Dover, 1984.

〔6〕 T. J. Willmore, *An Introduction to Differential Geometry*, Oxford University Press, 1959.

〔7〕 C. Hsiung, *A First Course in Differential Geometry*, Wiley, 1981.

〔8〕 J. Oprea, *Differential Geometry and Its Applications*, Prentice Hall, 1997.

〔9〕 W. Kuehnel, *Differential Geometry*, 2e, AMS, 2006.

연습문제 풀이

〈제2장〉

(2.1) 호장 함수

$$s(t)=\int_0^t \| \dot{\alpha}(u) \| du=\int_0^t \sqrt{1^2+\sinh^2 u}\, du = \int_0^t \cosh u du = \sinh t.$$

(2.2) $\beta(s)=aN(s)$라고 하고, 양변을 미분하면, $T(s)=a[-\kappa(s)T(s)]$,

$1= \| T(s) \| = |a| \; |\kappa(s)| \; \| T(s) \| = |a| \; |\kappa(s)|$

따라서, $|\kappa(s)| = \dfrac{1}{|a|}$.

그러므로, $\beta(s)$는 반지름이 $|a|$인 원이다.

(2.3) 정리 2. 12 를 이용한다.

(2.4) $\beta(s)=a+\lambda(s)T(s)$ 라고 하고, 양변을 미분하면,

$T(s)=\lambda'(s)T(s)+\lambda(s)[\kappa(s)N(s)]$,

즉, $\{\lambda'(s)-1\}T(s)+\lambda(s)\kappa(s)N(s)=0$.

T(s)와 N(s)가 일차 독립 이므로, $\lambda'(s)=1$, $\lambda(s)\kappa(s)=0$

따라서, $\lambda(s)=c$=상수, $\kappa(s)=0$

그러므로, $\beta(s)$는 직선이다.

(2.5) $\beta(s)-p=\lambda T(s)+\mu N(s)$ 라고 하고, 양변을 미분하면,

$T(s)=\lambda\kappa(s)N(s)+\mu\{-\kappa(s)T(s)+\tau(s)B(s)\}$,

즉, $\{1+\mu\kappa(s)\}T(s)-\lambda\kappa(s)N(s)-\mu\tau(s)B(s)=0$,

그런데, T, N, B 가 일차 독립이므로,

$1+\mu\kappa=0$, $-\lambda\kappa=0$, $-\mu\tau=0$ 이다

그러므로, $\beta(s)$는 꼬임율 τ가 0인 곡선이다.

따라서, $\beta(s)$는 평면상에 놓이는 곡선이다.

(2.6) 먼저 호장함수 s(t)를 구해보면,

$s(t)=\int_0^t \|\dot{\alpha}(u)\|\,du=\sqrt{2a^2+b^2}\;e^t$ 이므로.

$t=\ln\frac{s}{\sqrt{2a^2+b^2}}$,

그러므로, $\alpha(s)=(a\frac{s}{\sqrt{2a^2+b^2}}\cos(\ln\frac{s}{\sqrt{2a^2+b^2}}),\ a\frac{s}{\sqrt{2a^2+b^2}}$

$\sin(\ln\frac{s}{\sqrt{2a^2+b^2}}),\ b\frac{s}{\sqrt{2a^2+b^2}})$ 이다.

따라서, $\kappa(s)=\sqrt{\alpha''\cdot\alpha''}=\frac{\sqrt{2}a}{\sqrt{2a^2+b^2}}\frac{1}{s}$ 이고,

$\tau(s)=\frac{[\alpha',\alpha'',\alpha''']}{\kappa^2}=\frac{b}{\sqrt{2a^2+b^2}}\frac{1}{s}$ 이다.

(2.7) $\dot{\alpha}(t)=(-4\sin t,4\cos t,3)$ 이므로

단위 접선 vector $T(t)=\frac{\dot{\alpha}(t)}{\|\dot{\alpha}(t)\|}=(\frac{-4}{5}\sin t,\frac{4}{5}\cos t,\frac{3}{5})$이고,

$\dot{\alpha}\times\ddot{\alpha}=(12\sin t,\ -12\cos t,\ 16)$이므로,

곡률 $\kappa(t)=\frac{\|\dot{\alpha}\times\ddot{\alpha}\|}{\|\dot{\alpha}\|^3}=\frac{4}{25}$ 이고,

곡률 반경 $R=\frac{1}{\kappa}=\frac{25}{4}$ 이다.

(2.8) 단위 접선 vector $T(t)=\frac{\dot{\alpha}(t)}{\|\dot{\alpha}(t)\|}=$

$$=\frac{1}{\sqrt{36t^4+36t^2+9}}(3,\ 6t,\ 6t^2)\text{이고}$$

평면 $x+z=0$의 방향은 $\mathbf{u}=(1,0,1)$ 이므로,

$\theta=\cos^{-1}\frac{\mathbf{T}\cdot\mathbf{u}}{\|\mathbf{T}\|\ \|\mathbf{u}\|}=\cos^{-1}\frac{1}{\sqrt{2}}=\frac{\pi}{4}$ 이다.

(2.9) 정리 2. 10[Lancret의 정리]를 이용하라.

(2.10) $\beta(s)-p=\lambda(s)N(s)$라고 하고, 양변을 미분하면,

$T(s)=\lambda'(s)N(s)+\lambda(s)[-\kappa(s)T(s)+\tau(s)B(s)]$,

즉, $\{1+\lambda(s)\kappa(s)\}T(s)-\lambda'(s)N(s)-\lambda(s)\tau(s)B(s)=0$.

$T(s)$, $N(s)$, $B(s)$가 일차 독립 이므로,

$1+\lambda(s)\kappa(s)=0$, $\lambda'(s)=0$, $\lambda(s)\tau(s)=0$ 이다.

따라서, $\lambda = C =$ 상수, $\tau(s)=0$, $\kappa(s)=\frac{-1}{C}$=상수이므로,

$\beta(s)$는 반지름이 $|-C|$ 인 원 이다.

(2.11) 반지름이 2인 구면과 원주면의 공통 부분이 교선이므로,

$\alpha(t)=(1+\cos 2t, \sin t, 2\sin t)$ 이다.

〈제 3 장〉

(3.1) $\mathbf{x}(\frac{1}{2},\frac{1}{2})$에서의 접평면의 방정식은

$[\mathbf{x}(u,v)-\mathbf{x}(\frac{1}{2},\frac{1}{2}),\mathbf{x}_u(\frac{1}{2},\frac{1}{2}),\mathbf{x}_v(\frac{1}{2},\frac{1}{2})] = 0$ 이므로,

$$\begin{vmatrix} x-\frac{1}{2} & y-\frac{1}{2} & z-\frac{1}{\sqrt{2}} \\ 1 & 0 & \frac{-1}{\sqrt{2}} \\ 0 & 1 & \frac{-1}{\sqrt{2}} \end{vmatrix} = 0$$
으로 표현된다.

즉, $\frac{1}{\sqrt{2}}(x-\frac{1}{2})+\frac{1}{\sqrt{2}}(y-\frac{1}{2})+(z-\frac{1}{\sqrt{2}})=0$ 이다.

(3.2) graph $z=f(x, y)$ 형태로 주어진 곡면의 매개화를

$\mathbf{x}(x,y)=(x,y,f(x,y))$로 표현하면,

$\mathbf{x}_x=(1,0,f_x)$, $\mathbf{x}_y=(0,1,f_y)$이고,

$E=1+f_x^2$, $F=f_xf_y$, $G=1+f_y^2$이므로,

곡면의 제 1 기본형식 $I = (1+f_x^2)dx^2+f_xf_ydxdy+(1+f_y^2)dy^2$,

곡면의 법 vector $U=\frac{\mathbf{x}_x\times\mathbf{x}_y}{\|\mathbf{x}_x\times\mathbf{x}_y\|}\ \frac{(-f_x,-f_y,1)}{\sqrt{1+f_x^2+f_y^2}}$ 이다.

(3.3) 연습문제 3.2로부터,

$dA = \sqrt{EG - F^2}\ dx\ dy = \sqrt{1 + f_x^2 + f_y^2}\ dx\ dy$ 이다.

(3.4) $M\ du + N\ dv = 0$ 이므로, $\frac{du}{dv} = -\frac{N}{M}$ 이다.

$d\mathbf{x} = \mathbf{x}_u du + \mathbf{x}_v dv$, $\delta\mathbf{x} = \mathbf{x}_u \delta u + \mathbf{x}_v \delta v$라고 하면,

$$d\mathbf{x} \perp \delta\mathbf{x} \Leftrightarrow E du \delta u + F(du\delta v + \delta u dv) + G dv \delta v = 0$$

$$\Leftrightarrow E(\frac{du}{dv})\delta u + F(\frac{du}{dv}\delta v + \delta u) + G\delta v = 0$$

$$\Leftrightarrow E(-\frac{N}{M})\delta u + F(-\frac{N}{M}\delta v + \delta u) + G\delta v = 0$$

$$\Leftrightarrow (EN - FM)\delta u + (FN - GM)\delta v = 0$$

(3.5) 연습문제 3.2로부터,

$\mathbf{x}_{xx} = (0, 0, f_{xx})$, $\mathbf{x}_{xy} = (0, 0, f_{xy})$, $\mathbf{x}_{yy} = (0, 0, f_{yy})$ 이므로,

$$L = \frac{f_{xx}}{\sqrt{1 + f_x^2 + f_y^2}},\quad M = \frac{f_{xy}}{\sqrt{1 + f_x^2 + f_y^2}},\quad N = \frac{f_{yy}}{\sqrt{1 + f_x^2 + f_y^2}}$$

따라서 graph 면의 제 2 기본형식

$$II = \frac{1}{\sqrt{1 + f_x^2 + f_y^2}}(f_{xx}dx^2 + 2f_{xy}dxdy + f_{yy}dy^2)$$ 이다.

(3.6) 정칙곡면 S위의 임의의 점 p에 대하여, 서로 수직인 주 vector

t_1, t_2 를 택할수 있으면, t_1, t_2 에 관하여, 각각 θ, $\theta+\frac{\pi}{2}$ 인

각 θ가 존재한다.

여기에 Euler의 정리(따름정리 3. 30)을 적용하면,

법곡률의 합은

$$(\kappa_1\cos^2\theta+\kappa_2\sin^2\theta)+[\kappa_1\cos^2(\theta+\frac{\pi}{2})+\kappa_2\sin^2(\theta+\frac{\pi}{2})] = \kappa_1+\kappa_2 .$$

(3.7) $E=1+v^2\kappa^2$, F=1, G=1, $L = -v\kappa\tau$, M=0, N=0이므로,

$$K = \kappa_1\kappa_2 = \frac{LN-M^2}{EG-F^2} = -\frac{\tau}{v\kappa} = 0,$$

그러므로, $\kappa_1=0$, $\kappa_2 = -\frac{\tau}{v\kappa}$.

(3.8) U가 (F_x,F_y,F_z)와 비례 하므로, 점근 방향 방정식은 $dx\cdot U=0$과 동치이다. 따라서, 점근 방향은

$dxdF_x+dydF_y+dzdF_z=0$, $F_xdx+F_ydy+F_zdz=0$ 이다.

(3.9) $dU_1\cdot U_2+U_1\cdot dU_2=0$이고,

Rodrigues 공식에 의하여, $dU_i=-\kappa_i dx_i$, i=1, 2, 이므로, 곡선 α

가 곡면 조각 $\mathbf{x}_1$ 위의 곡률선이면, 또한, 곡면 조각 $\mathbf{x}_2$위의 곡률 선 이다.

(3.10) N=±U이므로, 주면의 측지선은 나선들이다.

(3.11) $\kappa^2 = \kappa_n^2 + \kappa_g^2$ 이고,

곡선 α가 곡면 위의 점근선이면, II = 0, 즉 $\kappa_n = 0$이며,

곡선 α가 곡면 위의 측지선이면, $\kappa_g = 0$이므로, $\kappa = 0$ 이다.

따라서, α는 직선 이다 .

(3.12) 회전면의 곡면 조각을

$\mathbf{x}(u,v) = (f(u)\cos v, f(u)\sin v, g(u))$, $(\dot{f})^2 + (\dot{g})^2 = 1$,라고 하면,

E = 1, F = 0, G = $= [f(u)]^2 = G(u)$이다.

〈제 4 장〉

(4.1) $\mathbf{x}(x,y)=(x,y,xy)$라고 하면, $\mathbf{x}_x=(1,0,y)$, $\mathbf{x}_y=(0,1,x)$,

$E=1+y^2$, $F=xy$, $G=1+x^2$, $\mathbf{x}_x\times\mathbf{x}_y=(-y,-x,1)$,

$$U=\frac{1}{\sqrt{1+x^2+y^2}}(-y,-x,1),$$

$\mathbf{x}_{xx}=(0,0,0)$, $\mathbf{x}_{xy}=(0,0,1)$, $\mathbf{x}_{yy}=(0,0,0)$,

$$L=0,\ M=\frac{1}{\sqrt{1+x^2+y^2}},\ N=0,$$

그러므로, $K=\dfrac{LN-M^2}{EG-F^2}=\dfrac{-1}{(1+x^2+y^2)^2}$,

$$H=\frac{EN-2FM+GL}{2(EG-F^2)}=\frac{-xy}{(1+x^2+y^2)^{3/2}}.$$

(4.2) 4.1과 같은 방법으로, $E=1$, $F=0$, $G=u^2+b^2$ 이고,

$L=0$, $M=\dfrac{-b}{\sqrt{u^2+b^2}}$, $N=0$ 이므로, $K=\dfrac{-b^2}{(u^2+b^2)^2}$ 이고

$H=0$ 이다.

(4.3) 회전면 $\mathbf{x}(u,v)=(f(u)\cos v, f(u)\sin v, g(u))$, $\dot{f}^2+\dot{g}^2=1$ 에서

제 1 기본 형식 $I=du^2+f(u)^2dv^2$,

제 2 기본 형식 $II=(\dot{f}\ddot{g}-\dot{g}\ddot{f})du^2+f\dot{g}dv^2$ 이므로,

F = M = 0 이다. 그러므로, v=상수인 자오선과 u=상수인 위도선은 모두 곡률선 이다.

(4.4) 참고문헌 〔5〕 Struik, p.188, 연습문제 8, 참조.

(4.5) 측지 곡률 $\kappa_g = \beta'' \cdot (\mathbf{U}\times T) = \beta'' \cdot (\mathbf{U}\times\beta') = [\mathbf{U},\beta',\beta'']$.

(4.6) $t=\frac{s}{u}$ 이므로, $\alpha(s)=(u\cos\frac{s}{u}, u\sin\frac{s}{u}, \frac{1}{2}au^2)$이고,

$\alpha'(s)=(-\sin\frac{s}{u},\cos\frac{s}{u},0)$, $\alpha''(s)=(-\frac{1}{u}\cos\frac{s}{u},-\frac{1}{u}\sin\frac{s}{u},0)$,

$\mathbf{U}=\frac{1}{\sqrt{1+a^2u^2}}(-au\cos\frac{s}{u},-au\sin\frac{s}{u},1)$ 이므로,

$\kappa_g=[\mathbf{U},\alpha',\alpha'']=\frac{1}{u\sqrt{1+a^2u^2}}$.

(4.7) 참고문헌 〔1〕 Pressley, p.164, Proposition 7.6 참조.

(4.8) 단위 속력곡선 $\beta(s)$와 단위 vector **u**에 대하여 주면의 좌표조각

$\mathbf{x}(s,v)=\beta(s)+v\mathbf{u}$, $\beta' \times \mathbf{u} \neq 0$, E = 1 , F = $\beta' \cdot \mathbf{u}$, G = 1 ,

$L=\dfrac{\beta' \times \mathbf{u}}{\| \beta' \times \mathbf{u} \|}$, M = 0 , N = 0 , 이므로 $K = \dfrac{LN-M^2}{EG-F^2} = 0$.

(4.9) 측지선 α가 평면 Π상에 있다고 하면, $\ddot{\alpha}$ 는 Π와 평행하다 .

α가 측지선 이므로, $\ddot{\alpha}$는 **U**와 평행하다 .

그러므로, **U**와 Π도 평행하다. 따라서, $\dot{\mathbf{U}}$도 Π와 평행하다.

$\dot{\mathbf{U}} \perp \mathbf{U}$, $\dot{\alpha} \perp \mathbf{U}$, $\dot{\alpha}$이 Π과 평행하므로, $\dot{\mathbf{U}}$과 $\dot{\alpha}$이 평행하다.

그러므로, Rodrigues 정리에 의해서, α가 곡면 S의 곡률선이다.

(4.10) 원주면 S 와 평면 $\Pi^{\perp}$(orthogonal complement of a plane Π)의 공통 부분이 u = 상수인 위도선 이고, S 와 $\Pi^{\perp}$의 사이각이 일정하므로, 원주면의 모든 위도선은 곡률선 이다.

(4.11) S가 극소 곡면이면, $H(\mathbf{p})=0$, $\forall \mathbf{p} \in S$. 따라서, $\kappa_2(\mathbf{p})=\kappa_1(\mathbf{p})$, $\forall \mathbf{p} \in S$. 그러므로, $K=-\kappa_1^2 \leq 0$ 이다.

〈제 5 장〉

(5.1) $\kappa = \frac{d\theta}{ds}$ 이므로, Hopf의 회전정리(Hopf's Umlaufsatz)에 의해서,

$$\int_0^l \kappa ds = \int_0^l \frac{d\theta}{ds} ds = 2\pi$$ 이다.

(5.2) F = 0 이므로, 따름정리 5. 2의 (1)에 의해서,

$$K = -\frac{1}{2e^\lambda}\left[\frac{\partial}{\partial u}\left(\frac{e_u^\lambda}{e^\lambda}\right) + \frac{\partial}{\partial v}\left(\frac{e_v^\lambda}{e^\lambda}\right)\right] = \frac{-1}{2e^\lambda}\Delta\lambda(u,v)$$ 이다.

(5.3) Weingarten 행렬 W가 단위 행렬이므로, $U_u = \mathbf{x}_u$ 이고 $U_v = \mathbf{x}_v$ 이다. 따라서, $U = \mathbf{x} - \mathbf{a}$. 그러므로, $\| \mathbf{x} - \mathbf{a} \| = 1$

즉, 이 곡면은 구면(의 일부) 이다 .

(5.4) F = M = 0 이므로, 제 2 종 Christoffel 기호 Γ_{ij}^k 는 :

$$\Gamma_{11}^1 = \frac{E_u}{2E}, \quad \Gamma_{11}^2 = \frac{-E_v}{2G}, \quad \Gamma_{12}^1 = \frac{E_v}{2E}, \quad \Gamma_{12}^2 = \frac{G_u}{2G}, \quad \Gamma_{22}^1 = -\frac{G_u}{2E},$$

$\Gamma_{22}^2 = \frac{G_v}{2G}$ 이다. 그러므로, 제 1 Codazzi-Mainardi 방정식 :

$$L_v = \frac{LE_v}{2E} - N\left(-\frac{E_v}{2G}\right) = \frac{1}{2}E_v\left(\frac{L}{E} + \frac{N}{G}\right)$$ 이고

제 2 Codazzi-Mainardi 방정식 :

$$-N_u = \frac{-LG_u}{2E} - N\left(\frac{G_u}{2G}\right) = -\frac{G_u}{2}\left(\frac{L}{E} + \frac{N}{G}\right)$$

즉, $N_u = \frac{G_u}{2}\left(\frac{L}{E} + \frac{N}{G}\right)$ 이다.

끝으로,

$$(\kappa_1)_v = \frac{E_v}{2E}\left(\frac{L}{E} + \frac{N}{G}\right) - \frac{LE_v}{E^2} = \frac{E_v}{2E}\left(\frac{N}{G} - \frac{L}{E}\right) = \frac{E_v}{2E}(\kappa_2 - \kappa_1) \text{ 이고},$$

$$(\kappa_2)_u = \frac{G_u}{2G}\left(\frac{L}{E} + \frac{N}{G}\right) - \frac{NG_u}{G^2} = \frac{G_u}{2G}\left(\frac{L}{E} - \frac{N}{G}\right) = \frac{G_u}{2G}(\kappa_1 - \kappa_2) \text{ 이다.}$$

(5.5) 의구면(pseudosphere)을 회전면으로 표현하면,

$$\mathbf{x}(u,v) = (a\sin u\cos v, a\sin u\cos v, a[\cos u + \ln(\tan\frac{u}{2})]),\ 0 < u < \frac{\pi}{2},$$

이고 $E = a^2\cot^2 u$, $F = 0$, $G = a^2\sin^2 u$이므로, 정리 5. 2를 이용하면, $K = \frac{-1}{2\sqrt{a^4\cot^2 u\sin^2 u}}\left[\frac{\partial}{\partial u}\left(\frac{2a^2\sin u\cos u}{\sqrt{a^4\cot^2 u\sin^2 u}}\right) + \frac{\partial}{\partial v}(0)\right]$

$$= \frac{-1}{2a^2\cot u\sin u}\frac{\partial}{\partial u}(2\sin u) = \frac{-\cot u}{a^2\cot u} = \frac{-1}{a^2} \text{ 이다.}$$

따라서, 의구면의 Gauss 곡률 K는 음의 상수이다.

(5.6) R^3안의 compact곡면 S는 Gauss곡률 K가 양수인 점을 항상 갖고, S가 $S^2(r)$과 위상 동형이 아니므로 S의 적분 곡률은 0이하이다. 그러므로 K=0인 점 $p \in S$가 존재한다.

〈제 6 장〉……………………………………………………………………

(6.1) $S = \{(x, y, z) \in R^3 \mid x^2 + y^{10} + z^6 = 1\}$, $S^2(1) = \{(x, y, z) \in R^3 \mid x^2 + y^2 + z^2 = 1\}$에 대하여 대응 규칙 $(x,y,z) \mapsto (x,y^5,z^3)$에 따라, 함수 $X_i : S^2(1) \to S$는 위상동형(homeomorphism)이므로, $\chi(S) = \chi(S^2(1)) = 2$ 이다.

(6.2) (1)과 (2)에서의 각 곡면은 구면과 위상동형이고, 구면의 전곡률이 4π이므로, (1)에서의 타원면과 (2)에서의 곡면 S의 전곡률은 각 각 4π 이다.

(3)에서의 곡면 S는 손잡이수(또는 종수)가 4이므로,

정리 6. 12에 의해서 S의 전곡률은 $4\pi(1-4) = -12\pi$ 이다.

(6.3) 평면 다각형에 대한 Gauss-Bonnet 정리 :

$$\sum_{j=1}^{n} \int_{C_j} \kappa_g ds + \int\int_R K dA = 2\pi - \sum_{j=1}^{n} \beta_j, \quad \beta_j \text{는 다각형의 외각}.$$

로부터, 각 C_j 에서 $\kappa_g = 0$ 이고, $K = 0$이므로,

평면 다각형의 외각의 합 = $\sum_{j=1}^{n} \beta_j = 2\pi$ 이다 .

(6.4) $\int_{\triangle} \kappa_g ds = 0$ 이므로, $\int\int_R KdA = \sum_{j=1}^{3} \alpha_j - \pi$ 이다.

α_j는 구면위의 측지 삼각형 △의 내각. 그런데, 구면의 K > 0 이므로, $\int\int_R KdA > 0$. 그러므로, $\sum_{j=1}^{3} \alpha_j > \pi$ 이다.

(6.5) R^3 안의 임의의 compact 곡면은 종수 g를 가지는 구면과 위상동형이므로, $K \geq 0$인 R^3에서의 compact곡면은 적절한 구면과 위상동형일 수밖에 없다.

(6.6) 유향 compact 곡면 $S^2(r)$에 관한 Gauss-Bonnet 정리 :

$\int\int_{S^2(r)} KdA = 2\pi\chi(S^2(r))$로부터,

$$\chi(S^2(r)) = \frac{1}{2\pi}\int\int_{S^2(r)} KdA = \frac{1}{2\pi}\frac{1}{r^2}\int\int_{S^2(r)} dA = \frac{4\pi r^2}{2\pi r^2} = 2 .$$

찾아보기

ㅈ

ㅊ

ㅌ

ㅍ

ㅎ

미분기하학개론

2010년 3월 2일 1판 1쇄 발행
2023년 5월 2일 1판 3쇄 발행

지은이 / 이현덕
펴낸이 / 오판근
펴낸곳 / 교우사

주　소 / 서울특별시 동대문구 약령시로 8 교우빌딩 2층
전　화 / 925-2861(代), 편집부 / 925-2825, 홈쇼핑 / 969-5762
팩　스 / 925-2860

E-mail / kyowoo@kyowoo.co.kr
http://www.kyowoo.co.kr

출판등록 / 1994. 3. 24 제6-0256호

ISBN 978-89-8172-846-5 (93410)

값 13,000 원